职业技术·职业资格培训教材

U0347951

五级
第3版

计算机操作员

主　编　郑燕琦

编　者　王玉琪　陈　晓　傅　俊

主　审　陈丽娟　张士忠

 中国劳动社会保障出版社

图书在版编目(CIP)数据

计算机操作员：五级/上海市职业技能鉴定中心等组织编写. —3 版. —北京：中国劳动社会保障出版社，2014

1＋X 职业技术·职业资格培训教材

ISBN 978-7-5167-0941-2

Ⅰ.①计… Ⅱ.①上… Ⅲ.①电子计算机-技术培训-教材 Ⅳ.①TP3

中国版本图书馆 CIP 数据核字(2014)第 073213 号

中国劳动社会保障出版社出版发行

（北京市惠新东街 1 号 邮政编码：100029）

*

三河市潮河印业有限公司印刷装订 新华书店经销

787 毫米×1092 毫米 16 开本 10.5 印张 189 千字

2014 年 5 月第 3 版 2019 年 6 月第 7 次印刷

定价：32.00 元

读者服务部电话：(010) 64929211/84209101/64921644

营销中心电话：(010) 64962347

出版社网址：http://www.class.com.cn

内 容 简 介

　　本教材由人力资源和社会保障部教材办公室、中国就业培训技术指导中心上海分中心、上海市职业技能鉴定中心依据上海1＋X计算机操作员（五级）职业技能鉴定细目组织编写。教材从强化培养操作技能，掌握实用技术的角度出发，较好地体现了当前最新的实用知识与操作技术，对于提高计算机操作员基本素质，掌握计算机操作员（五级）的核心知识与技能有直接的帮助和指导作用。

　　本教材在编写中根据本职业的工作特点，以能力培养为根本出发点，采用项目和活动的编写方式。全书分为5个项目共计15个活动，内容涵盖Windows 7操作系统、因特网应用、文字处理、电子表格、演示文稿等。每个活动都由活动描述、活动分析、方法与步骤、知识链接和拓展练习5个部分组成，其中，"活动描述"介绍学习本活动时的基本场景；"活动分析"介绍学习本活动时需要掌握的基础知识；"方法与步骤"涵盖了本活动的主体内容，是该学习部分的核心；"知识链接"给出相关知识的学习内容；"拓展练习"更能帮助学员对本项目的学习内容进行巩固拓展。

　　本教材可作为计算机操作员（五级）职业技能培训与鉴定考核教材，也可供全国中、高等职业院校计算机操作相关专业师生参考使用，以及本职业从业人员培训使用。

　　本书所使用到的素材请在 http：//www. class. com. cn 下载。

改 版 说 明

　　计算机操作员职业以个人计算机及相关外部设备的操作为常规技术和工作技能，是国家计算机高新技术各专业模块的基础。随着信息技术的不断发展，计算机操作员的职业技能要求有了新的变化。2014 年上海市职业技能鉴定中心组织有关方面的专家和技术人员，对计算机操作员职业进行了提升，计算机操作员分为五级、四级两个等级，新的细目和题库计划于 2014 年公布使用。

　　为了更好地为广大学员参加培训和从业人员提升技能服务，人力资源和社会保障部教材办公室、中国就业培训技术指导中心上海分中心与上海市职业技能鉴定中心组织相关方面的专家和技术人员，依据新版计算机操作员（五级）职业技能鉴定细目对教材进行了改版。新版教材采取"项目"和"活动"的形式，通过虚构的学员"小当"从零开始学习计算机操作，由简到繁、由浅入深，寓教于乐，让学员在情景中逐步学习并领悟计算机操作的原则、方法和技巧。此外，新版教材为了跟上计算机技术的发展和职业鉴定考试的提升要求，对原教材在内容上也进行了重大调整，重点对 Windows 7 操作系统和 Word 2010，Excel 2010，PowerPoint 2010 等应用软件进行介绍。

前　　言

　　职业培训制度的积极推进，尤其是职业资格证书制度的推行，为广大劳动者系统地学习相关职业的知识和技能，提高就业能力、工作能力和职业转换能力提供了可能，同时也为企业选择适应生产需要的合格劳动者提供了依据。

　　随着我国科学技术的飞速发展和产业结构的不断调整，各种新兴职业应运而生，传统职业中也越来越多、越来越快地融进了各种新知识、新技术和新工艺。因此，加快培养合格的、适应现代化建设要求的高技能人才就显得尤为迫切。近年来，上海市在加快高技能人才建设方面进行了有益的探索，积累了丰富而宝贵的经验。为优化人力资源结构，加快高技能人才队伍建设，上海市人力资源和社会保障局在提升职业标准、完善技能鉴定方面做了积极的探索和尝试，推出了1＋X培训与鉴定模式。1＋X中的1代表国家职业标准，X是为适应经济发展的需要，对职业的部分知识和技能要求进行的扩充和更新。随着经济发展和技术进步，X将不断被赋予新的内涵，不断得到深化和提升。

　　上海市1＋X培训与鉴定模式，得到了国家人力资源和社会保障部的支持和肯定。为配合1＋X培训与鉴定的需要，人力资源和社会保障部教材办公室、中国就业培训技术指导中心上海分中心、上海市职业技能鉴定中心联合组织有关方面的专家、技术人员共同编写了职业技术·职业资格培训系列教材。

　　职业技术·职业资格培训教材严格按照1＋X鉴定考核细目进行编写，教材内容充分反映了当前从事职业活动所需要的核心知识与技能，较好地体现了适用性、先进性与前瞻性。聘请编写1＋X鉴定考核细目的专家，以及相关行业的专家参与教材的编审工作，保证了教材内容的科学性及与鉴定考

QIANYAN

核细目以及题库的紧密衔接。

职业技术·职业资格培训教材突出了适应职业技能培训的特色，使读者通过学习与培训，不仅有助于通过鉴定考核，而且能够有针对性地进行系统学习，真正掌握本职业的核心技术与操作技能，从而实现从懂得了什么到会做什么的飞跃。

职业技术·职业资格培训教材立足于国家职业标准，也可为全国其他省市开展新职业、新技术职业培训和鉴定考核，以及高技能人才培养提供借鉴或参考。

新教材的编写是一项探索性工作，由于时间紧迫，不足之处在所难免，欢迎各使用单位及个人对教材提出宝贵意见和建议，以便教材修订时补充更正。

人力资源和社会保障部教材办公室
中国就业培训技术指导中心上海分中心
上海市职业技能鉴定中心

目 录

CONTENTS

CONTENTS

项目五　演示文稿

模拟题

X IANGMUYI

项目一　Windows7 操作系统

引言

Windows 7 是由微软公司开发的操作系统，通过学习 Windows 7 操作系统，我们将了解文件及文件夹的概念，掌握 Windows 7 操作系统的基本设置，能按要求整理文件夹，并通过搜索找到需要的文件。具备基本计算机应用能力。能够进行办公事务处理等相关工作。

活动一　计算机基本设置

活动描述

小当刚进入尼可公司，他从 IT 部门领取了一台计算机。首先他想设置一下自己的计算机，既能方便自己，利于计算机资料的保密，又能使自己心情愉悦。

活动分析

1. 了解计算机桌面设置，选择喜欢的桌面背景。
2. 了解屏幕保护程序的设置方法，并设置屏保程序。
3. 创建个人计算机的帐户和密码。
4. 为个人计算机添加惯用的输入法。

方法与步骤

一、设置个性化桌面

在桌面上右击鼠标，在弹出的菜单上选择"个性化"选项，打开"控制面板"的"更改计算机上的视觉效果和声音"窗口，该窗口罗列了 Windows 7 自带的若干个主题，其中桌面主题是指桌面的背景、事件声音、窗口颜色及屏保等一系列设置，如图1—1—1 所示，可以从中选择自己喜欢的风格，也可以点击"联机获取更多主题"按钮，通过互联网连接至 Windows 官方网站下载更多主题样式。

提示："更改计算机上的视觉效果和声音"窗口下方有桌面背景、窗口颜色、声音和屏幕保护程序按钮，点击后可以设置个性化的桌面背景、窗口颜色、声音屏保。

二、设置屏幕保护程序

点击"控制面板"的"更改计算机上的视觉效果和声音"窗口下方的"屏幕保护

程序"按钮，打开屏幕保护程序窗口，如图1—1—2所示。在该窗口可以设置屏保的图案及计算机切换至屏保界面前等待的时间。

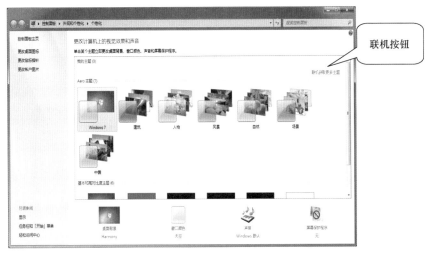

图1—1—1　更改计算机视觉效果和声音

图1—1—2　屏幕保护程序窗口

三、设置帐户和密码

设置帐户和密码后每次启动计算机时需要输入用户名和密码才能登录，能起到保护个人计算机的安全，避免他人随意使用自己的计算机。

1. 点击"开始"按钮，选择"所有程序"选项中的"控制面板"选项，打开控制面板，从中可以找到"用户帐户和家庭安全"选项，如图1—1—3所示。

图1—1—3 控制面板窗口

2. 点击"添加或删除用户帐户"，在打开的新窗口中显示本机中设置的所有用户帐户；选择希望更改的帐户，如选择"Administrator 管理员帐户"，在打开的"更改 Administrator 的帐户"窗口设置更改帐户名称，如图1—1—4所示。创建密码如图1—1—5所示。这样每次启动计算机时都需要输入密码。

图1—1—4 更改帐户名称及创建密码

图 1—1—5 创建帐户密码窗口

四、添加中文输入法

右击桌面任务栏上的"输入法"图标（在桌面右下角），在弹出的列表中选择"设置"选项，弹出"文本服务和输入语言"窗口，如图 1—1—6 所示，在此窗口中可以添加或删除已安装的输入法，选择适合自己的输入法。

图 1—1—6 文本服务和输入语言窗口

提示： 如果此窗口中没有适合自己的输入法，可以通过网络下载软件，并安装新的输入法。

知识链接　如何安装 Windows 7 操作系统

Windows 7 是由微软公司（Microsoft）开发的操作系统。它的安装方法如下：

（1）在 BIOS 中设置光驱启动，选择第一项即可自动安装到硬盘第一分区。Windows 系统下，放入购买的 Windows 7 光盘，运行 SETUP.EXE，选择"安装 Windows"。

（2）输入在购买 Windows 7 时得到的产品密钥（一般在光盘上找）；接受许可条款。

（3）选择"自定义"或"升级"。

（4）选择安装盘符，如C盘，选择后建议单击"格式化安装"（不然会变成双系统）。

（5）到"正在展开 Windows 文件"这一阶段会重启，重启后继续安装并在"正在安装更新"这一阶段再次重启。

（6）完成安装。

拓展练习

1. 将屏幕分辨率设置为 1440 * 900。
2. 到网上下载并添加"搜狗"输入法。
3. 设置等待 3 min 后进入屏保，屏保程序为"气泡"。

活动二　整理文件

活动描述

小当刚进入尼可公司，任职总经理助理。他的前任已调离，交接工作时留给他一堆文件，小当决定按文件类型，整理资料文件夹，他将新建文档、图片、音频和视频四个子文件夹，分别存放相关文件。

活动分析

1. 明确按文件类型分类还是按文件内容分类。

2. 创建文件夹，新建文件夹并重命名文件夹。

3. 设置查看文件，设置显示文件扩展名，设置显示隐藏文件。

4. 文件归类，通过文件与文件夹的复制、移动和粘贴的方法归类文件。

方法与步骤

一、新建文件夹并命名文件夹

1. 打开素材中的"资料"文件夹，在内容窗口空白处右击鼠标，在弹出的快捷菜单中选择"新建"窗口中"文件夹"命令，（或者选择"文件"菜单中新建"文件夹"命令），直接输入文件夹名"文档"，如图1—2—1所示。

图1—2—1　新建文件夹

2. 同理，新建其他三个子文件夹，分别命名为"图片""音频""视频"，如图1—2—2所示。

图1—2—2　新建的四个文件夹

提示： 文件夹的重命名。

先新建四个文件夹，通过鼠标右击文件夹，选择重命名，在出现的对话框中输入文件夹名，如图1—2—3所示。

图1—2—3　重命名文件夹

二、设置显示文件扩展名

一般用扩展名标识文件类型，但默认状态只显示文件主名，可以通过设置"查看"选项，显示文件扩展名。

选择"工具"菜单中的"文件夹选项"，单击"查看"选项，在"高级设置"区域将"隐藏已知文件类型的扩展名"前面的"√"去除。如图1—2—4所示。

提示： 设置显示隐藏文件。

有些系统文件默认为隐藏文件，不显示。但有时候我们也需要了解这些文件，同理可以通过"查看"选项，显示隐藏文件。

在"文件夹选项"中选择"查看"选项，在"高级设置"中选中"显示所有文件与文件夹"单选框，即可显示隐藏文件，如图1—2—4所示。

图1—2—4 显示文件扩展名

三、选择文件

在素材中的"资料"文件夹中，选择不连续文件：按住［Ctrl］键，单击文件名可以选中多个不连续的文件，用此操作选中"资料"文件夹中的 Word 文件、Excel 文件、PPT 文件及文本文件，共 15 个对象。

提示：选择连续文件的方法。

先单击选中第一个文件，再按住［Shift］键，选择最后一个文件，即可选中连续的若干个文件。

四、剪切文件

选中文件后，鼠标右击选择"剪切"命令（或者按快捷键［Ctrl］＋［X］）即可剪切选中文件，如图1—2—5所示。

提示：复制文件的方法。

选择文件后，鼠标右击选择"复制"命令（或者按快捷键［Ctrl］＋［C］）即可复制选中文件。

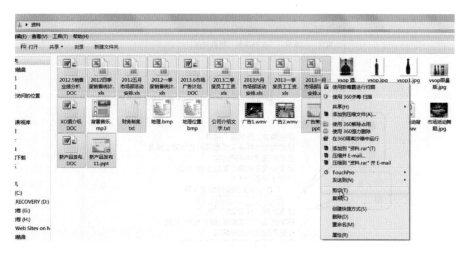

图 1—2—5　选择文件与剪切文件

五、粘贴文件

　　鼠标双击打开已新建的"文档"文件夹，在"文档"文件夹中的空白处右击鼠标，选择"粘贴"命令（或者按快捷键［Ctrl］＋［V］），如图 1—2—6 所示。即把 15 个文档对象归类到"文档"文件夹中。

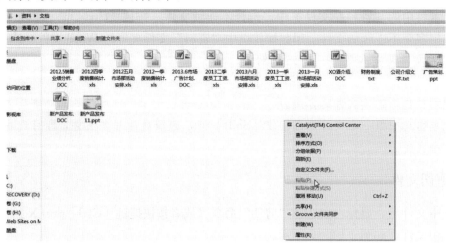

图 1—2—6　在"文档"文件夹中粘贴文件

　　同理选取 8 个图片对象剪切后粘贴到"图片"文件夹中，选取 2 个视频对象剪切后粘贴到"视频"文件夹中，选取 3 个音频对象剪切后粘贴到"音频"文件夹中。

提示：选取文件后，按住鼠标左键把文件直接拖曳到指定文件夹也可以完成将文件移动到文件夹的任务。

 知识链接

1. 文件

文件是指在我们的计算机中，以实现某种功能或某个软件的部分功能为目的而定义的一个单位。

2. 文件夹

文件夹供我们盛装各类文件，可以更好地分类保存文件，使它整齐规范。

3. 文件名

文件名分为文件主名和扩展名，中间用"."分隔，一般用扩展名标识文件类型，如图1—2—7所示。

图1—2—7

4. 文件路径。通过路径可以得知一个文件所在的具体位置。

5. 常见文件类型

常见文件类型	常用扩展名	常见图标
文本文件	*.txt	
Word 文件	*.doc *.docx	
Excel 文件	*.xls *.xlsx	
PowerPoint 文件	*.ppt *.pptx	

续表

常见文件类型	常用扩展名	常见图标
应用程序	*.exe	
图片文件	*.jpg *.bmp *.gif *.png	
视频文件	*.avi *.mpg *.rm *.wmv	
音频文件	*.mp3 *.wav	
文档文件	*.doc *.docx *.xls *.xlsx *.ppt *.pptx *.txt	
压缩文件	*.rar *.zip	
网页文件	*.html *.htm	

 拓展练习

1. 打开"项目一拓展练习"文件夹中的"活动二素材1"文件夹,按文件内容归类文件,分为"销售部""市场部""财务部""其他文件"四个文件夹归类文件。

2. 打开"项目一拓展练习"文件夹中的"活动二素材2"文件夹,按文件类型归类文件,分为"文档""网页""视频""图片"四个文件夹归类文件。

活动三　查找文件

活动描述

公司的市场部经理需要小当提供几张"vsop"酒的图片，行政经理又急着要整理2013 年的所有文件，小当该如何快速找到这些文件呢？

活动分析

1. 新建文件夹：新建"vsop 酒类图片"文件夹。

2. 按文件主名搜索文件：搜索文件名中包含"vsop"字符的图形文件，归类到"vsop 酒类图片"文件夹。

3. 新建文件夹：新建"2013 年文件"文件夹。

4. 按文件修改时间进行条件搜索：搜索修改日期为"2013 年"的文件，归类到"2013 年文件"文件夹。

5. 文件查看方式设置。

6. 文件排序方式设置。

方法与步骤

一、按文件主名搜索并归类文件

1. 在"资料 2"文件夹中新建文件夹"vsop 酒类图片"。

2. 打开素材中的"资料 2"文件夹，单击右上角的"搜索筛选器"，输入搜索条件"vsop"字符，并按回车键，经过计算机自动搜索，在显示搜索结果窗口中列出了"资料 2"文件夹中所有文件名中包含有"vsop"字符的文件，如图 1—3—1 所示。

3. 选中搜索结果窗口中的 4 个对象，通过复制、粘贴的方法将其复制到"vsop 酒类图片"文件夹中，完成任务。

二、按文件修改时间进行条件搜索

1. 在"资料 2"文件夹中新建文件夹"2013 年文件"。

2. 单击"搜索筛选器"窗口，在下拉菜单中选择"添加搜索筛选器"中的"修改日期"选项，如图 1—3—2 所示，在"修改日期:"旁边输入字符"2013"，按回车键，搜索结果窗口即刻显示资料文件夹中所有修改日期为 2013 年的文件，如图 1—3—3 所示。

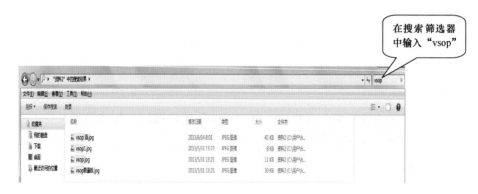

图1—3—1 在搜索筛选器中输入搜索条件

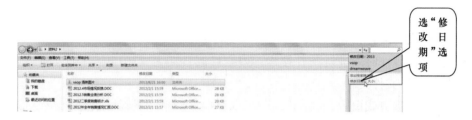

图1—3—2 搜索筛选器中进行条件搜索

图1—3—3 搜索结果窗口

3. 将搜索到的23个对象复制到"2013年文件"文件夹中，完成工作任务。

知识链接

1. 设置文件查看方式

Windows 7 设置了 8 种查看文件的方式，可以按需要选择不同的文件查看方式，如图1—3—4所示。例如当需要按日期来搜索文件时可以选择"详细信息"查看方式；当需要查找图片时，用"中等图标"方式查看文件，可以看到图片的缩略图。

图1—3—4　设置文件查看方式

2. 设置文件排序方式

Windows 7 中可以按"名称""修改日期""类型""大小"4 种方式对文件进行排序，如图1—3—5所示。还能设置按"递增"或"递减"来对文件进行排序。

图1—3—5　设置文件排序方式

 **拓展练习**

1. 打开"项目一拓展练习"文件夹中的"活动三素材 1"文件夹，按文件修改日期归类文件，分为"2012 年""2013 年""其余年份"三个文件夹放置文件。

2. 打开"项目一拓展练习"文件夹中的"活动三素材 2"文件夹下的"动漫图片"文件夹，新建三个文件夹分别为"动物""人物""卡通"，将文件名中包含有"动物"二字的文件放入"动物"文件夹中，文件名中包含有"人物"二字的文件放入"人物"文件夹中，文件名中包含有"卡通"二字的文件放入"卡通"文件夹中，不能归类的文件删除。

XIANGMUER

项目二 因特网应用

引言

随着网络技术的不断发展，越来越多的人开始了解和使用网络。本项目主要介绍了因特网应用的基本知识和技能。通过学习，可以掌握在因特网上如何收集所需信息以及这些信息的下载与保存方法；学会浏览器的一些常用设置；掌握电子邮箱客户端的下载、安装以及设置和使用方法。

活动一 收集与处理信息

活动描述

小王近期想更换手机，为了解最新手机的款式、性能、价格等情况，小王准备先从网络上进行了解。

活动分析

1. 了解搜索引擎。
2. 搜索信息方法。
3. 保存网页。
4. 下载图片。
5. 设置浏览器。

方法与步骤

一、搜索信息

1. 打开 IE 浏览器，在地址栏中输入网址：www. baidu. com，如图 2—1—1 所示。

提示：除了百度以外还有谷歌、雅虎等专门的搜索网站。

2. 在搜索文本框中输入"热门手机介绍"，点击"百度一下"按钮，如图 2—1—2 所示。
3. 在搜索列表中，打开相关内容，如图 2—1—3、图 2—1—4 所示。

提示：在百度搜索中，用空格或"＋"表示"与"关系，用"｜"表示"或"关系，用"—"表示不需要搜索的内容。

图2—1—1 在IE浏览器地址栏中输入网址

百科 文库 hao123 | 更多>>

图2—1—2 在搜索文本框中输入"热门手机介绍"

二、保存网页

1. 打开搜索中某一网站，执行"文件"菜单中"另存为"命令，如图2—1—5所示。

2. 打开"保存网页"对话框，文件名为默认网页名称、保存类型为"网页，全部"，点击"保存"按钮，如图2—1—6、图2—1—7所示。

3. 保存成功后，出现一个网页以及相应内容的文件夹，文件夹中包含网页中所有图片、CSS等文件，如图2—1—8所示。

图2—1—3 在搜索列表中打开相关内容1

图2—1—4 在搜索列表中打开相关内容2

图 2-1-5 另存为某一网站

图 2-1-6 打开"保存网页"对话框

图 2—1—7 保存网页

a）文件夹   b）文件夹中有关内容

图 2—1—8 保存成功后相应文件夹及内容

提示： 网页保存类型如下：

类型	功能
网页，全部（*htm，*html）	将网页上的全部信息保存到本机
web 档案，单一文件（*mht）	将网页信息、超链接等压缩成 .mht 文件，其中有些内容只是一个定向，想要看到完整效果还需要联网
网页，仅 HTML（*htm，*html）	仅保存 .htm 或 .html 静态页面，可以看到基本的框架、文本等，但是图片、FLASH 等信息看不到
文本文件（*txt）	将网页中的文本信息保存成 .txt 文本

三、下载网页中的图片

1. 利用百度搜索引擎找到自己感兴趣的手机网站后进入，如：三星手机官方网站，如图 2—1—9 所示。

图 2—1—9　进入三星手机官方网站

提示：如果图片是以背景的方式插入到网页的，当点击图片时在快捷菜单中出现的是"背景另存为"命令，同样也可以保存图片。

2. 打开"另存为"对话框，文件名为默认，保存类型为 JPEG 图像，点击"保存"按钮，如图 2—1—10 所示。

图 2—1—10　"另存为"对话框

3. 同理，将网页中其他图片保存下来，如图 2—1—11 所示。

图 2—1—11　将网页中其他图片保存

提示： 在网页中，标志性图标，一般用 "GIF" 作为默认文件类型；类似照片的图片，则以 "JPEG" 作为文件类型。

四、设置浏览器

1. 打开 IE 浏览器，点击工具栏中的 "Internet 选项"，如图 2—1—12 所示。

图 2—1—12　点击工具栏中的 Internet 选项

2. 在"Internet 选项"面板中，设置 http：//www.baidu.com（百度）为主页，勾选"退出时删除浏览历史记录"，单击"应用"按钮后，单击"确定"按钮，如图2—1—13 所示。

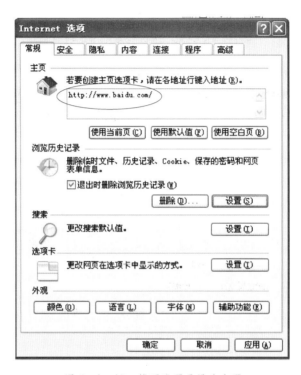

图2—1—13 将百度页面设为主页

3. 打开搜狐网站（http：//www.sohu.com），点击"收藏夹"选项卡中的"添加到收藏夹栏"，如图 2—1—14 所示。

图2—1—14 点击"收藏夹"中的"添加到收藏夹"栏

4. 在"添加收藏"对话框中,点击"新建文件夹"按钮,如图 2—1—15 所示。

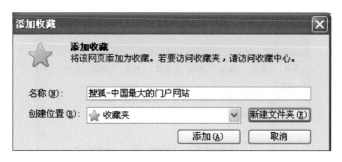

图 2—1—15 在"添加收藏"对话框中新建文件夹

5. 在"创建文件夹"对话框中,在文件夹名中输入"新闻",点击"创建"按钮,如图 2—1—16 所示。

图 2—1—16 输入新建文件夹名

6. 返回到"添加收藏"对话框中,点击"添加"按钮,如图 2—1—17、图 2—1—18 所示。

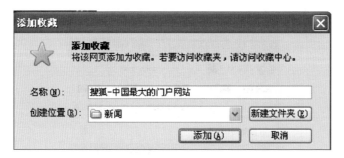

图 2—1—17 返回"添加收藏"对话框、点击"添加"按钮

图 2—1—18 添加完成

 **知识链接**

一、搜索引擎

搜索引擎指自动从因特网搜集信息，经过一定整理以后，提供给用户进行查询的系统。因特网上的信息浩瀚万千，而且毫无秩序，所有的信息像汪洋上的一个个小岛，网页链接是这些小岛之间纵横交错的桥梁，而搜索引擎，则为用户绘制了一幅一目了然的信息地图，供用户随时查阅。

二、百度搜索引擎简介

百度搜索引擎（简称：BIDU）是全球最大的中文搜索引擎，2000 年 1 月由李彦宏、徐勇两人创立于北京中关村，致力于向人们提供"简单，可依赖"的信息获取方式。"百度"二字源于中国宋朝词人辛弃疾的《青玉案·元夕》词句"众里寻他千百度"，象征着百度对中文信息检索技术的执着追求。百度搜索引擎由蜘蛛程序、监控程序、索引数据库、检索程序四部分组成。

三、百度搜索引擎的特点

1. 百度搜索分为新闻、网页、MP3、图片、FLASH 和信息快递六大类。

2. 繁体和简体都可以转换。

3. 百度支持多种高级检索语法。

4. 百度搜索引擎还提供相关检索。

 拓展练习

1. 在网络上搜索计算机一级考证信息。

2. 打开搜索列表中的网页，将网页保存成 . txt 文件。

3. 下载网页中的图片，保存成 JPEG 文件。

4. 设置主页为 http：//www. sohu. com。

5. 将 http：//www. 12333sh. gov. cn 收藏至"考证"文件夹中。

活动二　收发电子邮件

活动描述

随着计算机以及网络技术的不断发展，各公司都用电子邮件进行工作交流。张晓华作为刚入职的员工，需要掌握收发电子邮件的方法。

活动分析

1. 了解 Windows Live Mail 专业软件。

2. 下载与安装 Windows Live Mail 软件。

3. Windows Live Mail 常用设置。

4. 收发电子邮件。

5. 回复电子邮件。

方法与步骤

一、下载与安装 Windows Live Mail

1. 在百度中搜索 "Windows Live Mail 下载" 内容，如图 2—2—1 所示。

2. 打开搜索列表中的网站，点击下载，将安装程序保存至本机，如图 2—2—2 所示。

3. 双击安装程序 Windows Live Mail. exe 文件，开始安装该软件，如图 2—2—3、图 2—2—4 所示。

图 2-2-1　在百度中搜索 "Windows Live Mail 下载"

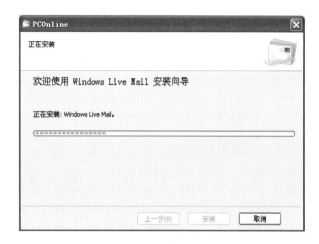

图 2-2-2　将下载程序保存至本机

图 2-2-3　开始安装软件

图 2—2—4　软件安装完成

二、设置 Windows Live Mail

1. 打开 Windows Live Mail 软件，如图 2—2—5 所示。

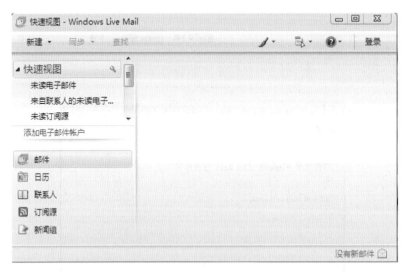

图 2—2—5　打开 Windows Live Mail 软件

2. 点击"添加电子邮件帐户"，打开"添加电子邮件帐户"对话框，输入电子邮

件地址、密码以及显示名，勾选"手动配置电子邮件帐户的服务器设置"选项，如图
2—2—6 所示。

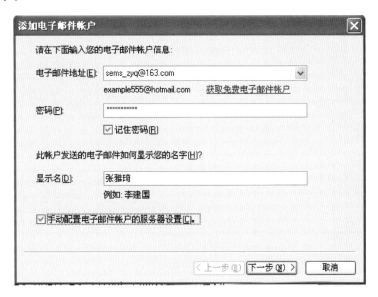

图 2—2—6 添加电子邮件帐户

3. 点击"下一步"按钮，输入相应服务器，点击"下一步"，出现完成提示框，
如图 2—2—7～图 2—2—9 所示。

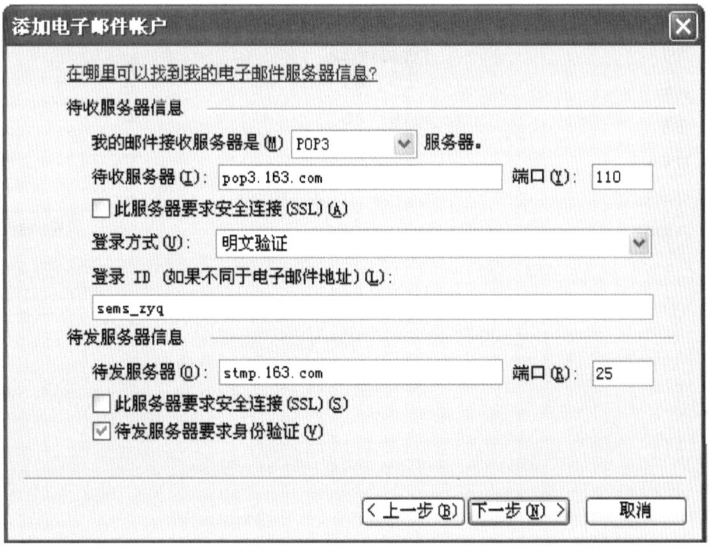

图 2—2—7 输入相应服务器

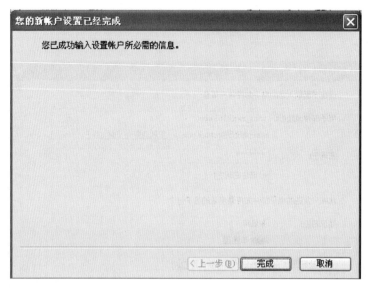

图 2—2—8 设置帐户信息，填写完成

图 2—2—9 添加帐户完成

4. 点击"菜单"按钮下拉菜单，选择"显示菜单栏"选项，如图 2—2—10 所示。

图 2—2—10 选择"显示菜单栏"选项

5. 点击"工具"中的"帐户"选项，打开"帐户"对话框，如图 2—2—11、图 2—2—12 所示。

图 2—2—11 选择"帐户"选项

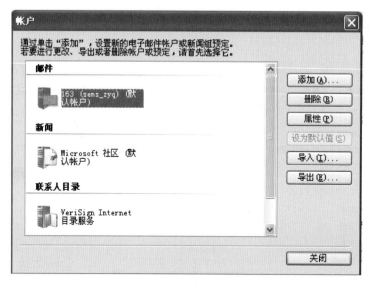

图 2—2—12　打开"帐户"对话框

6. 根据实际情况添加或删除帐户，添加方法同上第 2、第 3 步，如图 2—2—13 所示。

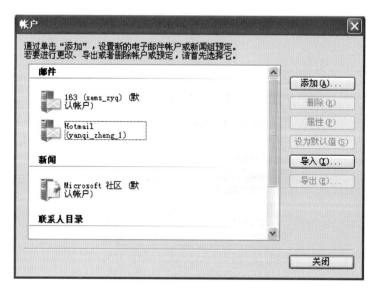

图 2—2—13　添加或删除帐户

三、收发电子邮件

1. 打开 Windows Live Mail 软件。

2. 点击"新建"中的"电子邮件"选项，如图2—2—14所示。

图2 2 14 新建电子邮件

3. 在"收件人"中输入邮件地址，主题为"重要会议！"，并输入内容，如图2—2—15所示。

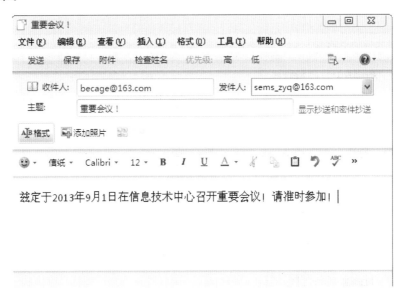

图2 2—15 输入收件人地址及邮件主题

4. 点击"发送"按钮，如图2—2—16所示。

提示：在电子邮件中添加附件。
点击"插入"中的"文件附件"，选择添加内容，如图2—2—17～图2—2—19所示。

图2—2—16　发送邮件

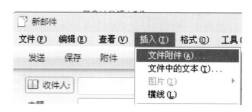

图2—2—17　选择"插入"菜单中"文件附件"选项

图2—2—18　选择要插入的附件

图 2—2—19 添加附件完成

四、回复电子邮件

1. 选择需要回复的邮件，如图 2—2—20 所示。

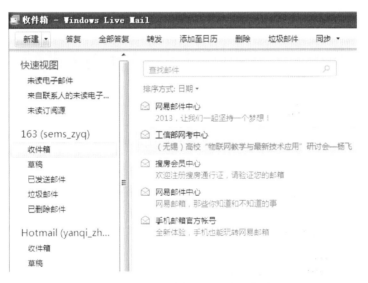

图 2—2—20 选择需要回复的邮件

2. 点击"答复"选项，如图 2—2—21 所示。

3. 在回复对话框中，输入"已收到!"，如图 2—2—22 所示。

4. 点击"发送"按钮，回复成功，如图 2—2—23、图 2—2—24 所示。

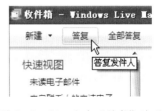

图 2—2—21 点击"答复"选项

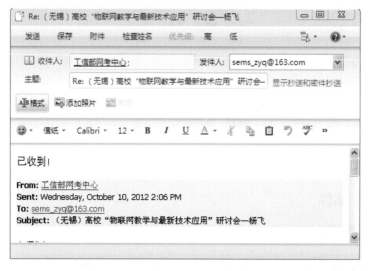

图 2—2—22　输入回复内容

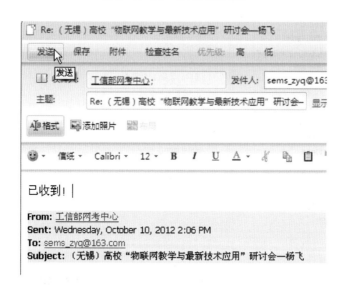

图 2—2—23　点击"发送"选项

 知识链接

一、什么是电子邮箱

电子邮箱可以自动接收网络任何电子邮箱所发的电子邮件，并能存储规定大小的

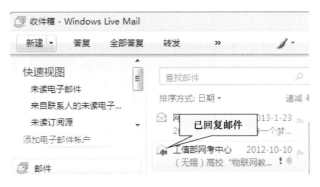

图 2　2　24　邮件回复成功

多种格式的电子文件。电子邮箱具有单独的网络域名，电子邮局的地址在@后标注，电子邮箱一般格式为：用户名@域名。

电子邮箱客户端介绍：

1. Foxmail

Foxmail 是由中国开发的一款优秀的电子邮件客户端，具有强大的电子邮件管理功能。目前有中文（简繁体）和英文两个语言版本。2005 年 3 月 16 日被腾讯收购后腾讯推出能与 Foxmail 客户端邮件同步的基于 Web 的 foxmail 免费电子邮件服务。

2. Outlook Express

Outlook Express 是集成到微软操作系统中的默认邮件客户端程序。它是免费集成的软件，所以易用性和用户数量上占有一定优势。而且它是到目前为止在中文系统中支持中文新闻组服务最好的软件之一。除此之外，Outlook Express 简单易学，而且有各个操作系统语言对应的不同语言版本。即使不熟悉计算机程序也能较快地学习使用。

3. Windows Live Mail

Windows Live Mail 客户端可以将包括 Hotmail 在内的各种邮箱轻松同步到的计算机上，并且集成了其他 Windows Live 服务。该软件特点是无须离开收件箱即可预览邮件，通过拖放操作管理邮件，通过单击左键清除垃圾邮件和扫描病毒邮件，单击右键可轻松答复、删除和转发。

二、网站电子邮箱介绍

目前，有很多网站均设有收费与免费的电子信箱，供广大网友使用。虽然免费的电子信箱比收费的信箱保密性差，不够安全，但还是有相当多的网友申请并获得了免费的电子信箱。

常用免费信箱的网站介绍：

网站	网址	信箱容量
新浪网站	www. sina. com	2 G（2 000 兆）
雅虎网站	www. yahoo. com	1 G
网易网站	www. 163. com www. 126. com www. yeah. net	2 G（可扩容）
Hotmail 网站	www. hotmail. com	2 G
搜狐网站	www. sohu. com	1 G
QQ 网站	www. qq. com	4 G（可扩容）

 拓展练习

1. 下载并安装 Foxmail 软件。

2. 申请免费邮箱。

3. 给班主任发一封邮件，主题：教师节快乐！

XIANGMUSAN

项目三　　文字处理

引言

Word 2010 是微软公司开发的 Office 2010 办公组件之一，是一种功能强大的文字处理软件，被广泛应用于人们的日常工作、学习和生活中。通过本项目的学习，我们将掌握 Word 软件的基本概念和基本特点；学会运用 word 软件进行文档编辑、文字和段落格式设置、表格制作、版面编排等操作技能；具备基本文字处理能力，能够进行办公事务处理等相关工作。

活动一　制作公司招聘启事

活动描述

又到了一年一度的毕业季，各个企业的 HR 都在海量地挑选人才，尼可公司也准备趁此招聘季节新进一批员工，为此，人事部门的张凯需要制作一份公司招聘启事，包括公司介绍、招聘岗位、招聘要求、联系方式等。

活动分析

1. 资料收集整理：根据此次公司招聘要求整理文字素材。
2. 文字录入：新建空白 Word 文档，录入所需文字并保存。
3. 字体段落格式设置：通过设置字体、段落格式，使招聘启事更一目了然。
4. 项目符号设置：通过设置合理的项目符号和编号，使招聘内容更加醒目清晰。
5. 检查文件：仔细检查，修改文档后再次保存并关闭文档。

方法与步骤

一、资料收集整理

仔细思考招聘启事主要包括哪些内容，收集整理相关素材，为制作招聘启事做准备。参考样例如图 3—1—1 所示。

二、文字录入

1. 新建 Word 文档

运行文字处理软件 Microsoft word 2010，新建一个空白文档。运行 Word 后会自动创建一个名为"文档 1"的空白文档，也可通过单击"文件"菜单中的"新建"命令，选中"空白文档"，单击创建按钮来创建空白文档，如图 3—1—2 所示。

尼可公司招聘启事

尼可公司于 1997 年建厂，占地 2.19 万平方米，年生产能力可达 6000 吨净酒，产品销往全国各地，受到消费者的一致好评。公司成立以来，始终本着质量第一、信誉至上的原则，融入一个多世纪酿酒技术，和国外先进工艺完美结合，被国际葡萄酒组织（OLV）认证为中国唯一的葡萄酒城。以质取胜，永不满足，是我们永恒追求。以诚聚信，信誉第一，是我们郑重承诺。

尼可公司热情欢迎海内外有志之士的加入。公司除提供较好的薪酬待遇，同时也为公司员工提供持续的学习机会。本公司为了业务发展需要，现诚聘以下职位：

销售专员（若干）
● 职位描述：
　1. 根据部门总体市场策略编制自己的销售计划及目标。
　2. 负责公司的产品销售工作和完成各项指标。
　3. 管理开发好自己的客户，拓展与老客户的业务。
　4. 与客户保持良好沟通，实时把握客户需求，提高客户满意度。
● 职位要求：
　1. 热爱销售工作，有市场开拓精神，具有独立的分析和解决问题的能力。
　2. 工作认真、积极、有高度的责任心，具有敏锐的市场眼光和良好的职业操守。
　3. 成熟的沟通技巧及良好的团队合作精神。

葡萄酒品鉴培训师（若干）
● 职位描述：
　1. 管理公司葡萄酒品鉴会，讲解葡萄酒文化及葡萄酒礼仪内涵。
　2. 开展新产品品鉴会，进行客户培训，普及葡萄酒知识。
　3. 开展各地业务人员葡萄酒知识的培训。
● 职位要求：
　1. 具有丰富的红酒品鉴及选酒经验，对红酒及相关文化熟悉了解。
　2. 熟悉红酒市场及世界知名红酒品牌，知名酒庄产品。
　3. 具有优秀的表达、学习与沟通能力，以及充分的会场调动能力，热爱葡萄酒培训事业。
　4. 2 年以上培训类工作经验，有葡萄酒国际认证资质（ISG 或 WSET 中级以上级别）者优先。

联系方式
联系人：张先生
电话：021-5918989
邮箱：hr@niko.com

图 3－1－1　招聘启事样例

图 3－1－2　新建空白文档

2. 文字录入

输入标题、公司介绍、招聘岗位、职位职责、要求、联系方式等，如图 3—1—3 所示。

尼可公司招聘启事

尼可公司于 1997 年建厂，占地 2.19 万平方米，年生产能力可达 6000 吨净酒，产品销往全国各地，受到消费者的一致好评。公司成立以来，始终本着质量第一、信誉至上的原则，融入一个多世纪酿酒技术，和国外先进工艺完美结合，被国际葡萄酒组织（OLV）认证为中国唯一的葡萄酒城。以质取胜，永不满足，是我们永恒追求。以诚聚信，信誉第一，是我们郑重承诺。

尼可公司热情欢迎海内外有志之士的加入。公司除提供较好的薪酬待遇，同时也为公司员工提供持续的学习机会。本公司为了业务发展需要，现诚聘以下职位：

销售专员（若干）
职位描述：
根据部门总体市场策略编制自己的销售计划及目标。
负责公司的产品销售工作和完成各项指标。
管理开发好自己的客户，拓展与老客户的业务。
与客户保持良好沟通，实时把握客户需求，提高客户满意度。
职位要求：
热爱销售工作，有市场开拓精神，具有独立的分析和解决问题的能力。
工作认真、积极、有高度的责任心，具有敏锐的市场眼光和良好的职业操守。
成熟的沟通技巧及良好的团队合作精神。

葡萄酒品鉴培训师（若干）
职位描述：
管理公司葡萄酒品鉴会，讲解葡萄酒文化及葡萄酒礼仪内涵。
开展新产品品鉴会，进行客户培训，普及葡萄酒知识。
开展各地业务人员葡萄酒知识的培训。
职位要求：
具有丰富的红酒品鉴及选酒经验，对红酒及相关文化熟悉了解。
熟悉红酒市场及世界知名红酒品牌，知名酒庄产品。
具有优秀的表达、学习与沟通能力，以及充分的会场调动能力，热爱葡萄酒培训事业。
2 年以上培训类工作经验，有葡萄酒国际认证资质（ISG 或 WSET 中级以上级别）者优先。

联系方式：
联系人：张先生
电话：021-5918989。
邮箱：hr@niko.com。

图 3—1—3 文字录入

3. 保存文档

单击"文件"菜单中的"保存"命令，在弹出的"另存为"对话框中，选择保存路径，输入文件名"招聘启事"，保存类型默认为"Word 文档（＊.docx）"，单击"保存"按钮保存文档，如图 3—1—4 所示。

图 3—1—4 保存文档

三、字体段落格式设置

1. 按下快捷键 Ctrl＋A，选中整篇文档，单击"开始"选项卡，在"字体"组中设置字体为宋体，小四号。

2. 选中标题"尼可公司招聘启事"，单击右键打开"字体"对话框，设置字体：隶书，小一号。单击"文字效果"按钮，打开"设置文本效果格式"对话框，设置阴影为：预设/外部→右下斜偏移，其余选项默认，单击关闭按钮。如图 3—1—5、图 3—1—6 所示。

3. 在标题选中状态下，单击"开始"选项卡的"段落"组中"居中"按钮，设置标题居中对齐。

4. 选中正文前两段，在"开始"选项卡的"段落"组中单击"对话框启动器"按钮，打开"段落对话框"，设置特殊格式：首行缩进 2 字符，如图 3—1—7 所示。

图 3—1—5　设置字体格式

图 3—1—6　设置文字阴影效果

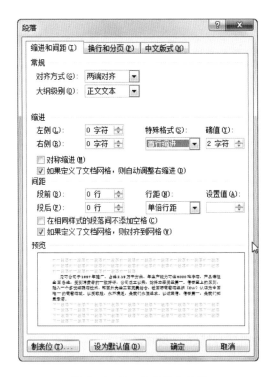

图 3—1—7 段落首行缩进

5. 分别选中"销售专员（若干）""葡萄酒品鉴培训师（若干）""联系方式"，单击"开始"选项卡"字体"组中的"加粗"按钮 **B**，使小标题突出显示。

四、设置项目符号和编号

1. 选中"职位描述"，单击"开始"选项卡中"段落"组中的"项目符号"按钮 ⋮☰ ▾ ，为该行设置默认项目符号"●"。用同样的方法为文中所有"职位描述"的"职位要求"设置项目符号。

2. 选中"职位描述"下面四行，单击"开始"选项卡"段落"组中"编号"按钮 ⋮☰ ▾ 旁的向下箭头，在编号库中选择"1.2.3.…"编号样式，为段落设置编号。单击"增加缩进量"按钮 ⫸ ，使选中段落缩进。

3. 用同样方法为文中所有"职位描述""职位要求"具体条目设置项目编号，如图 3—1—8 所示。

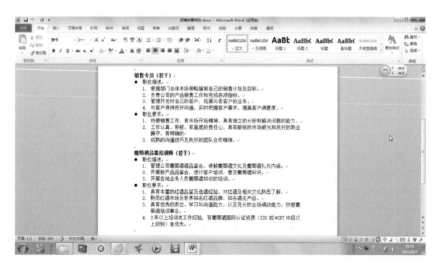

图 3—1—8　项目符号和编号样例

五、检查文件，保存文档

1. 仔细校对文字，如果有错误，及时修改。
2. 单击"文件"菜单中的"保存"命令，保存文档。

提示：对于已保存过的文档，用户在对其进行编辑的过程中也需要及时进行保存，用户可以通过单击"文件"菜单中的"保存"按钮进行保存，也可以通过单击"快速访问工具栏"中的"保存"按钮![icon]，或者按下"Ctrl＋S"键保存。

知识链接

一、熟悉 Word 2010 工作界面

Word 2010 的工作界面主要包括新增的"文件"按钮，还有快速访问工具栏、标题栏、功能区和文档编辑区等，如图 3—1—9 所示。

1. 文件按钮

"文件"按钮取代了之前版本的"Office"按钮，可实现文件的打开、保存、打印、发送和关闭等功能。

2. 自定义快速访问工具栏

用户可以使用快速访问工具栏实现常用的功能，例如保存、撤销、恢复、打印预览和打印、快速打印等。

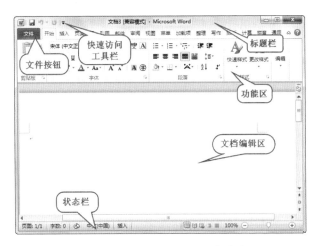

图 3—1—9 Word 2010 工作界面

3. 标题栏

标题栏中间显示当前文件的文件名和正在使用的 Office 组件名称。标题栏还为用户提供了三个窗口控制按钮：最大化、最小化和关闭按钮。用户还可以通过在标题栏上右击打开窗口控制菜单，通过菜单操作窗口。

4. 功能区

功能区是菜单和工具栏的主要显示区域，几乎涵盖了所有的按钮、库和对话框。功能区首先将控件对象分为多个选项卡，然后在选项卡中将控件细化为不同的组。

5. 文档编辑区

文档编辑区是工作的主要区域，用来实现文档、表格、图表和演示文稿等的显示和编辑。

6. 状态栏

状态栏提供有页面、字数统计、拼音、语法检查、改写、视图方式、显示比例和缩放滑块等辅助功能，以显示当前的各种编辑状态。

二、撤消与恢复操作

如果不小心删除了一段不该删除的文本，可通过单击"自定义快速访问工具栏"中的"撤消"按钮 把刚刚删除的内容恢复过来。如果又要删除该段文本，则可以单击"自定义快速访问工具栏"中的"恢复"按钮 。

在 Word 2010 中，不但可以撤消和恢复上一次的操作，还可以撤消和恢复最近进行的多次操作。方法是单击"撤消"和"恢复"按钮旁边的下三角按钮，将弹出最近执行的可撤销操作列表，在其中单击要撤销的操作即可。

三、文本的选定

要选定任意数量的文本，首先把鼠标指针指向要选定的文本开始处，按住鼠标左键拖动到选定文本的末尾时，释放鼠标左键。

其他常用选定文本的方法：

● 要选定一行文本，把鼠标指针移到文本左侧空白区域，鼠标指针会变成一个向右指的箭头，单击选定整行。

● 要选定多行文本，鼠标指针移到文本左侧空白区域直至变成向右箭头，按住鼠标左键向上或向下拖动鼠标。

● 选定一段文本，鼠标指针移到文本左侧空白区域直至变成向右箭头后双击鼠标；或者在该段任意位置连续单击三次鼠标。

四、"插入""改写"编辑状态

在文档中输入了多余的文本时可以直接将其删除。如果输入了错误的文本可以将错误的文本删除然后再输入正确的文本，也可将其选中后修改为正确的文本。

Word 文档包括"插入"和"改写"两种编辑状态，默认情况下文档处于插入状态。在状态栏中单击 插入 按钮或者按"Insert"键，该按钮变成 改写 按钮，文档处于改写状态，将插入点定位到需要修改的文本内容前面，然后输入正确的内容即可对错误的文本进行修改。

拓展练习

1. 驴伴旅行社新推出一条"千岛湖温馨自驾游"旅游线路，请根据素材文件"千岛湖旅游.txt"制作一份旅游线路介绍文档，并进行合理的排版。

2. 宝通科技需要制作一份2013年元旦放假通知，通知包括：放假时间安排、各部门值班要求、假期注意事项，请根据素材文件"放假通知.txt"制作一份排版合理的通知文件。

活动二　制作应聘人员信息表

活动描述

尼可公司准备招聘一批新员工，但是，应聘人员的简历格式五花八门，包含的信息各不相同。为了统一每个人填写的信息内容，人事部门的王莉需要制作一份应聘人员信息表，包括应聘职位、个人基本信息、学习经历、工作经历、个人优势等，以方便人事部门的统一筛选。

活动分析

1. 表格规划：根据表格所需包含的内容设计规划表格。
2. 创建规则表格：新建文档，输入标题，创建规则表格。
3. 单元格合并与拆分：通过单元格合并拆分等方式修改表格使其符合要求。
4. 编辑表格文字内容：在表格中输入文字内容并设置文字格式等。
5. 完善表格格式：设置表格行高与列宽、编辑表格边框、设置表格对齐方式等美化表格。

方法与步骤

一、表格规划

应聘人员信息表一般包括标题、表格内容、填表日期等，其中表格内容需要事先设计表格的式样，各项信息所在单元格位置与大小，这些基本内容设计好就可以着手开始制作了，参考样例如图3—2—1所示。

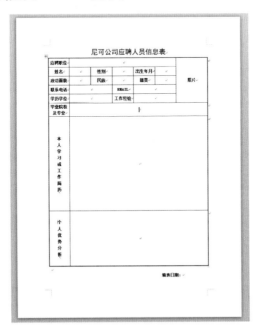

图3—2—1 应聘人员信息表样例

二、创建规则表格

由于应聘人员信息表是一个不规则表格，我们可以先创建一个规则表格，通过单元格的合并、拆分或者绘制单元格等方法完成样张所示表格。

1. 新建一个 word 文档，保存文件名为"应聘人员信息表.docx"。

2. 在文档第一行输入标题："尼可公司应聘人员信息表"。设置标题格式为黑体、小二号、居中对齐。

3. 将光标置于标题下一行，创建一个 8 行 7 列的表格，有多种方法可以使用：

方法一：单击"插入"→"表格"→"插入表格…"，在弹出的"插入表格"对话框内设置列数为 7，行数为 8，如图 3—2—2 所示。单击"确定"按钮，完成表格的插入。

方法二：单击"插入"→"表格"，会弹出如图 3—2—3 所示的下拉列表，将鼠标拖动至 8 行 7 列的选定位置上单击，此时，在光标的位置上就插入了一个 8 行 7 列的表格。

图 3—2—2　插入表格

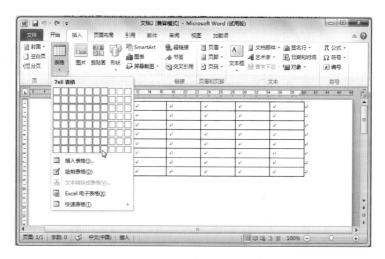

图 3—2—3　使用表格按钮创建表格

三、单元格合并与拆分

创建完 8 行 7 列的规则表格后，将光标置于表格中任意位置，单击"布局"选项卡，可以看到如图3—2—4所示有"表""行和列""合并""单元格大小""对齐方式"等几个组，通过其中的按钮可以插入行和列、合并拆分单元格，并且对表格属性、对齐方式等进行设置。

图3—2—4 布局选项卡界面

1. 选中表格第1行第7列到第5行第7列，单击"布局"选项卡中的"合并单元格"按钮，将所选的五个单元格合并成一个单元格。也可以选中需要合并的单元格后单击鼠标右键，在弹出的快捷菜单中选择"合并单元格"命令。

2. 用同样的方法，将表格其余需要合并的单元格进行合并，如图3—2—5所示。

图3—2—5 合并单元格

3. 拆分单元格。将光标置于需要拆分的单元格中，选择"布局"选项卡，单击"合并"组下的"拆分单元格"按钮，打开"拆分单元格"对话框，输入所要拆分的列数和行数。

四、编辑表格中的文字内容

1. 根据样张依次在相应单元格内输入文字内容，设置除标题外的所有文字为宋体、五号、加粗。

2. 选中文本"本人学习和工作简历"，单击"布局"选项卡中的"文字方向"按钮，改变文字方向为竖排文字。可在文字间输入空格或加宽字符间距调整文字间隔。用同样方法修改"个人优势分析"为竖排文字，并加宽字符间距。

3. 光标置于表格下一行，输入"填表日期："，选中输入文字，单击几次"开始"选项卡"段落"组中的"增加缩进量"按钮，使"填表日期："缩进到合适的位置。

五、完善表格格式

1. 调整单元格行高、列宽

（1）将光标置于表格内任意位置，单击表格左上角 ⊞ 图标，选中表格，单击"布局"选项卡"表"组中"属性"按钮，在弹出的"表格属性"对话框中设置表格行高0.8厘米，列宽2厘米，如图3—2—6所示。

（2）选中表格第5行，在"布局"选项卡"单元格大小"组中，设置行高为1.2厘米。参考以上方法，设置第6行行高10厘米，第7行行高5厘米。

（3）将鼠标移至表格右边框，当鼠标变成 ↔ 时，单击左键将表格右边框向右拖动。

2. 设置表格对齐方式

选中表格，单击"布局"选项卡中"表"组中"属性"按钮，打开"表格属性"对话框，设置表格对齐方式为"居中"，如图3—2—7所示。

图3—2—6 表格属性设置　　　　图3—2—7 表格对齐方式设置

3. 设置表格中文字对齐方式

选中表格，单击"布局"选项卡"对齐方式"组中的水平居中 ▤ 按钮，使表格中所有文字在单元格内水平垂直均居中。

4. 设置表格边框

选中表格，单击"布局"选项卡"表"组中"属性"按钮，打开"表格属性"对话框，单击"边框和底纹"按钮，打开"边框和底纹"对话框，设置边框为自定义样式，表格内边框宽度设为0.5磅实线，表格外边框宽度设为1.5磅实线，选中需要设置的样式、宽度后，在右边预览图中单击要设置的框线即可，如图3—2—8所示。

图 3—2—8 表格边框设置

5. 检查文档内容，保存并关闭文档。

 **知识链接**

一、插入行与列

方法一：指定插入行列的位置，可以选中一个单元格，也可以选中一行或一列，选择"布局"选项卡，在"行和列"组中单击相应的插入方式即可。

方法二：指定插入行和列的位置，单击鼠标右键，在弹出的快捷菜单中选择"插入"子菜单中的插入方式即可。

提示：在插入行和列时，当选择一行或一列时，就会在表格中插入一行或一列；当选中多行或多列后插入，就会在表格中插入和选定数量一样的行和列。

二、删除行与列

选中需要删除的行列，单击"布局"选项卡中"行和列"组中"删除"按钮即可删除所选定的行和列。也可以通过右键快捷菜单的"删除行"或"删除列"命令操作，或者通过按"Backspace"键删除。

四、文本与表格的转换

1. 将表格转换成文本

选中要转换为段落的行或表格，然后选择"布局"选项卡，在"数据"组中单击

"转换为文本"按钮，弹出如图3—2—9所示的对话框。选择所需作为替代列边框的分隔符，单击"确定"按钮，表格就被转换成文本了。

2. 将文本转换成表格

图3—2—9 表格转换成文本

将文本转换成表格时，使用逗号、制表符或其他分隔符标记新列开始的位置。例如，要将1—12这12个数字转换为3行4列的表格时，其具体操作步骤如下：

（1）在要划分列的位置插入特定的分隔符，如","。

（2）选中要转换的文本。

（3）单击"插入"选项卡中"表格"组中"表格"按钮，在下拉列表中选择"文本转换为表格"命令，打开"将文字转换成表格"对话框，如图3—2—10所示进行设置。

（4）单击"确定"按钮将文本转换为表格。整个过程如图3—2—11所示。

图3—2—10 "将文字转换成表格"对话框

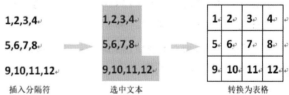

图3—2—11 将文本转换为表格过程示例

 **拓展练习**

1. 欣鑫餐饮需要了解不同年龄、不同学历层次的顾客对他们菜式及服务的满意程度，请为他们设计一张"顾客调查表"，内容包括顾客年龄、学历等基本信息，以及对菜式和服务的意见等。

2. 睿新数码产品有限公司今秋主推两款掌上计算机，请根据素材文件夹中的资料设计制作一张两款掌上计算机的性能对比表格。

活动三　制作新员工工作证

活动描述

尼可公司准备招聘一批新员工，小可需要为新进的一批员工设计新的工作证，内容大致包括公司标志、公司名字、姓名、照片等内容。小可准备先制作工作证模板，里面具体内容等到新员工入职后再填写。

活动分析

1. 收集资料，设计工作证样式。
2. 页面设置：设置工作证页面大小、页边距、页面背景。
3. 编辑 logo 图片：插入公司 logo 进行编辑。
4. 编辑艺术字标题：插入公司名称、工作证字样，设置艺术字样式。
5. 插入文本框：插入照片及输入编号、姓名、部门等内容的文本框并进行设置。

方法与步骤

一、收集资料，设计工作证样式

通过互联网收集背景图片等相关资料，设计工作证内容：公司 logo、公司名称、照片、姓名等样式和布局，就可以开始制作工作证了。参考样例如图 3—3—1 所示。

图 3—3—1　新员工工作证样例

二、页面设置

1. 新建空白 Word 文档，保存文件名为"新员工工作证.docx"。
2. 页面大小设置

单击"页面布局"选项卡"页面设置"组中"纸张大小"按钮，在下拉列表中选择"其他页面大小"命令，在弹出的页面设置对话框中设置纸张大小为"自定义大小"，宽度 6 厘米，高度 9 厘米，如图 3—3—2 所示。

3. 页边距设置

同样在页面设置对话框中单击"页边距"选项卡，设置上下左右页边距均为 0 厘米。单击确定按钮完成页面设置。此时页面大小更改为 6 厘米×9 厘米，光标移到了页面左上角顶端位置。

图 3—3—2　纸张大小设置

4. 工作证背景设置

单击"页面布局"选项卡"页面背景"组中的"页面颜色"按钮，可以为页面设置背景颜色，Word 2010 内置多种主题颜色可供选择，也可以根据需要选择其他颜色或填充效果。这里我们选择其中的"填充效果"选项，在弹出的"填充效果"对话框中，切换到"图片"选项卡，单击"选择图片(L)…"按钮，选择素材文件夹中"项目三"文件夹下"活动三"文件夹中的"bg.jpg"，如图 3—3—3 所示，单击"确定"按钮就完成了页面图片背景的设置。

图 3—3—3　页面背景设置

提示： 设置图片作为背景除了将图片设置为页面背景外，还可以插入图片，设置图片衬于文字下方，将图片缩放至页面大小。

三、编辑 logo 图片

1. 单击"插入"选项卡"插图"组中的"图片"按钮,选择素材文件夹中的"logo.jpg"文件,插入公司 logo 图片。

2. 选中图片,单击"格式"选项卡"自动换行"→"浮于文字上方",使图片可以自由移动,且不影响其他文本。

3. 拖拽图片四周出现的 8 个控制点适当调整其大小和位置,如图 3—3—4 所示。

4. 保持图片选中的状态,单击"格式"→"删除背景"命令,图片中出现紫色区域,拖动控制点选中要保留的 logo 区域,单击"保留更改"按钮,图片背景色变为透明色,如图 3—3—5 所示。

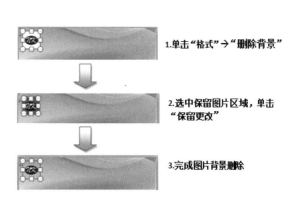

图 3—3—4 插入公司 logo   图 3—3—5 删除图片背景

四、编辑艺术字标题

1. 单击"插入"选项卡"文本"组中"艺术字"按钮,在下拉列表中选择第 4 行第 5 列样式按钮,如图 3—3—6 所示。

2. 在艺术字文本框中输入"上海尼可酒业有限公司"。

3. 选中艺术字文本,单击鼠标右键,在下拉列表中设置字体为宋体、小四号。单击"格式"选项卡"艺术字样式"组中的"文本填充"按钮,在下拉列表中设置文本填充颜色为"深蓝,文字 2",同样单击"文本轮廓"按钮,在下拉列表中设置文本轮廓颜色也为"深蓝,文字 2"。

4. 保持艺术字文本框选中状态,单击"格式"选项卡"排列"组中"自动换行"

换行按钮，在下拉列表中选择"浮于文字上方"选项，修改文字环绕方式，如图 3—3—7 所示，移动艺术字到合适位置。

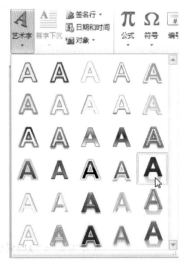

图 3—3—6　插入艺术字

图 3—3—7　艺术字布局-文字环绕设置

5. 用同样方法插入艺术字"工作证"，设置艺术字样式为第 6 行第 3 列，文本填充颜色和文本轮廓颜色均为"黑色、文字 1"，字体为宋体、二号。设置艺术字文字环绕方式并移动艺术字到合适的位置。

五、插入文本框

1. 插入照片文本框

（1）单击"插入"选项卡"文本"组中"文本框"按钮，在下拉列表中选择"绘制文本框"命令，在页面中绘制一个矩形文本框。

（2）选中文本框，单击右键在下拉列表中选择"其他布局选项"选项，弹出"布局"对话框。在"位置"选项卡中设置水平、垂直对齐方式均为相对于页边距居中；在"文字环绕"选项卡中设置"浮于文字上方"；在"大小"选项卡中设置文本框大小为宽 2.5 厘米，高 3.5 厘米。如图 3—3—8 所示。

（3）在文本框中输入文字"照片"，在"格式"选项卡"文本"组中选择"文字方向"按钮，在下列表中设置为竖排文字，水平垂直居中于文本框（可在"格式"选项卡"文本"组中的"对齐文本"及"段落对齐方式"中设置）。

图 3—3—8 文本框布局设置

2. 插入文本框，输入编号、部门、姓名等内容

（1）插入文本框，在文本框内输入如图 3—3—9 所示内容。

（2）选中文本框，单击"格式"选项卡"形状样式"组中的"形状填充"按钮，在下拉列表中选择"无填充颜色"选项，单击"格式"选项卡"形状样式"组中的"形状轮廓"按钮，在下拉列表中选择"无轮廓"选项，设置文本框无边框和填充色。如图 3—3—10 所示。

编号：_____
部门：_____
姓名：_____

图 3—3—9 插入编号、部门、姓名文本框

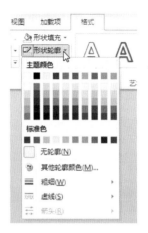

图 3—3—10 文本框轮廓颜色设置

（3）设置文本框合适的文字环绕方式并移动到合适位置。

（4）检查修改文档内容，保存文档并关闭。

知识链接

一、编辑艺术字

插入艺术字后，会打开"绘图工具/格式"选项卡，如图3—3—11所示，其中不仅可以设置插入的艺术字样式，还可以对艺术字的文本框形状样式、布局版式等进行设置。

图3—3—11　编辑艺术字样式

二、添加水印

水印是在文档文本底下显示的文本或图案，常用于向读者表明文档的状态或重要性。添加或删除水印的具体步骤如下：单击"页面布局"选项卡"页面背景"组中的"水印"按钮，在下拉列表中选择预设水印样式或自定义水印即可，如图3—3—12所示。

图3—3—12　设置水印效果

三、设置图片颜色

对于图片颜色的调整，可以重新设置颜色，也可以调整图片颜色的色调和饱和度。选中图片，选择"格式"选项卡，在"调整"组中单击"更正"或"颜色"按钮，在弹出的下拉菜单中即可调整图片亮度、对比度和颜色等。

 拓展练习

1. 向阳街道阅览室对居民免费开放了，居民可以定期借阅一定数量的书籍，请为阅览室设计制作图书借阅卡。

2. 思锐公司将在 2014 年元月举行年会，除了公司员工外，公司还将邀请部分重要客户参与，请设计一张年会邀请函，要求图文并茂，排版合理。

年会具体时间、地点等信息如下：

思锐新春联合会

时间：2014 年 1 月 17 日 13：30—18：00 新春联欢会

18：30—21：00 晚宴

地点：国和会议中心四楼大会堂 B 厅（新春联欢会）/一座展厅 2 楼（晚宴）

活动四　制作公司招聘海报

活动描述

尼可公司准备参加企业联合招聘会，为了在招聘会上吸引更多的求职者，并且达到更好的宣传效果，人事经理要求小冉为此次的招聘会设计一张图文并茂的宣传海报。小冉决定先设计一份 A4 纸大小的电子版初稿。

活动分析

1. 搜集资料，设计海报版式。

2. 页面设置：设置海报的页边距和版式，设置页面边框。

3. 编辑文字内容：对海报文字内容进行排版，采用艺术字制作海报标题等内容。

4. 编辑正文图片内容：插入公司 logo、公司相关图片，编辑图片格式进行图文混排。

5. 编辑背景图片：插入合适的图片、自选图形作背景，并进行适当编辑。

6. 打印预览：检查修改文档，预览最终打印效果。

方法与步骤

一、搜集资料，设计页面版式

仔细阅读所给素材，通过互联网搜集图片资料，根据搜集到的资料设计招聘海报页面版式。参考样例如图3—4—1所示。

图 3—4—1　招聘海报样例

二、页面设置

1. 新建一个空白 Word 文档，保存文件名为"招聘海报 . docx"。

2. 单击"页面布局"选项卡"页面设置"组中的"页边距"按钮，在下拉列表中选择"自定义边距"选项，打开"页面设置"对话框，设置左、右页边距均为 3.5 厘米，其余默认。

3. 单击"页面布局"选项卡"页面背景"组中的"页面边框"按钮，在弹出的对话框中设置页面边框为：方框、双线、颜色"红色，强调文字颜色2，深色50％"、宽度"3磅粗细"，如图3—4—2所示。

图3—4—2 页面边框设置

三、编辑文字内容

1. 将素材（项目三文件夹下的活动四文件夹中）"招聘启事.txt"中的文字内容复制粘贴到正文中。

2. 选中正文前两段文字，设置字体为宋体、小四，单击右键，在下拉列表中选择段落选项，在弹出的"段落"对话框中设置特殊格式为首行缩进2字符。

3. 选中正文其他几段文字，设置为宋体、四号、加粗。

4. 选中"现诚聘以下职位"后的六行，单击"页面布局"选项卡"页面设置"组中的"分栏"按钮，在下拉列表中选择"两栏"，将六行内容分成默认等宽的两栏。如图3—4—3所示。

5. 选中第一行标题"上海尼可葡萄酒有限公司"，单击"插入"选项卡"文本组"中的"艺术字"按钮，选择第4行第4列样式，将第一行公司名称转换为艺术字。更改其字体为"宋体、一号"，文字填充、文字轮廓均为"黑色"。在选中艺术字的状态下，单击"格式"选项卡"排列"组中"自动换行"按钮，在下拉列表中选择"四周型环绕"选项，设置艺术字文字环绕方式为四周型。最后移动艺术字到合适位置。

提示：插入艺术字后设置为四周型版式，正文和艺术字会混排在一起，在正文前加几个回车，空出艺术字位置即可。

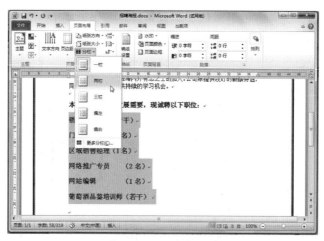

图3—4—3　分栏设置

6. 参考第5步将"招聘启事"四个字更改为艺术字：6行3列样式，字体为宋体、小初、加粗。文字环绕方式四周型。移动艺术字到合适位置。

7. 在文末插入艺术字"尼可期待您的加入!"，设置为6行3列样式，字体隶书、一号、加粗。文字环绕方式四周型。单击"格式"选项卡"艺术字样式"组中"文本效果"按钮，在下拉列表中选择"转换"选项中的"双波形1"设置文字形状。如图3—4—4所示。

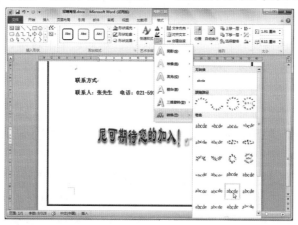

图3—4—4　艺术字形状设置

四、编辑正文图片

1. 光标移动到标题左侧，插入素材文件夹中的图片"logo.jpg"。选中图片，单击"格式"选项卡"排列"组中的"自动换行"按钮，在下拉列表中选择"四周型环绕"，缩放并移动图片到合适位置。删除 logo 图片背景色（参考活动三）。

2. 在正文开始处插入素材（项目三文件夹下活动四文件夹中）图片"c1.jpg"，设置四周环绕型版式，缩放移动图片到合适位置。选中图片，单击"格式"，在"图片样式"组中选择第一个"图片框架，白色"样式。如图 3—4—5 所示。

图 3—4—5 设置图片样式

3. 在正文文末依次插入图片"c2.jpg"，"c3.jpg"，"c4.jpg"，分别设置三张图片样式为第 5 个"映像圆角矩形"，图片均为四周型环绕，三张图片大小一致，并对齐图片。

提示：

（1）在设置图片大小时，可以单击右键，选择"大小和位置"命令，在弹出的对话框中，将"锁定图片纵横比""相对原始图片大小"两选项取消勾选，再设置图片宽度和高度。如图 3—4—6 所示。

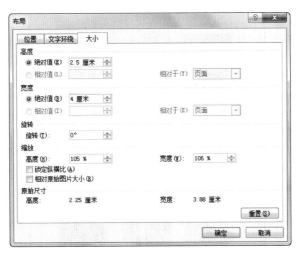

图 3—4—6 设置图片大小

（2）对齐图片可同时选中三张图片，分别单击"格式"选项卡"排列"组中"对齐"按钮，在下拉列表中选择"上下居中"及"横向分布"命令，如图 3—4—7 所示。

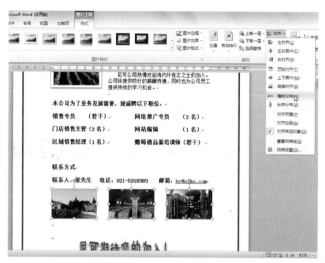

图 3—4—7　对齐图片

4. 完成图文混排后，效果如图 3—4—8 所示。

图 3—4—8　图文混排

五、编辑背景图片

1. 插入图片"bg.jpg",单击"格式"→"自动换行"→"衬于文字下方",使图片作为背景。缩放并移动图片布满整个页面边框内部位置。

2. 插入图片"bg2.jpg",设置版式为"衬于文字下方"。删除图片背景色。缩放并移动图片至右上角。

提示: 同时几张图片叠放,可以单击"格式",在"排列"组中选择"上移一层"或"下移一层"来更改图片上下位置。

3. 单击"插入"→"形状"→"折角形"(基本形状中),插入一折角页面形状。设置为"衬于文字下方"版式后移动缩放形状到合适位置。单击右键→"设置形状格式",在弹出的对话框中设置填充为"纯色填充、白色、透明度50%",线条颜色为无线条。如图3—4—9所示。

图3—4—9 设置形状格式

六、打印预览

1. 单击"文件"选项卡中的"打印"按钮,即出现如图3—4—10所示"打印列表"及"打印预览"视图。在打印列表中可以进行各项打印设置。右侧打印预览可以通过右下角缩放键调整视图大小。

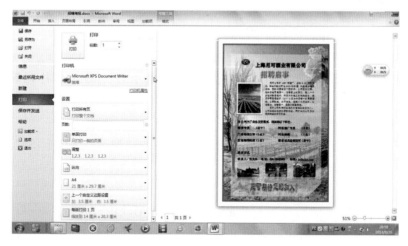

图 3—4—10　打印预览

2. 检查修改文档，保存关闭。

知识链接

一、设置分栏排版

1. Word 2010 预设分栏：单击"页面布局"选项卡"页面设置"组中的"分栏"按钮，在列表中选择需要的分栏数即可完成分栏设置（一栏、两栏、三栏、偏左、偏右）。

2. 自定义分栏：当 Word 2010 提供的预设分栏不能满足要求时，可以自定义分栏。单击"页面布局"选项卡"页面设置"组中的"分栏"按钮，在列表中选择"更多分栏"，在弹出的"分栏"对话框中可以设置栏数、栏宽、间距、分割线等。如图3—4—11所示。等宽分栏：勾选上"栏宽相等"选项即可；不等宽分栏：将栏宽相等选项取消勾选，设置每一栏的宽度、间距。

二、设置页眉和页脚

在文档中可以将每一页都出现的内容置于页眉、页脚中。例如：公司信笺上的公司名称、公司 logo、页码、作者名等都可以放在页眉页脚中。一般情况下，页眉出现在每页的顶部，页脚出现在每页的底部。

单击"插入"选项卡"页眉和页脚"组中的"页眉"或"页脚"按钮（"页眉和页脚"组中），在弹出的下拉列表中选择"编辑页眉"或"编辑页脚"选项；或直接双击页面顶端或底部区域，即可使页眉和页脚区域呈编辑状态。此时系统会自动打开如图

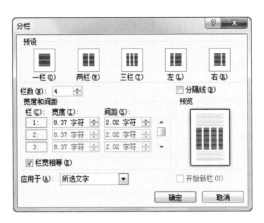

图3—4—11 自定义分栏设置

3—4—12所示的"页眉页脚工具"选项卡，通过该选项卡可以对页眉页脚进行设置。设置完成后，单击"关闭页眉和页脚"按钮返回文档。

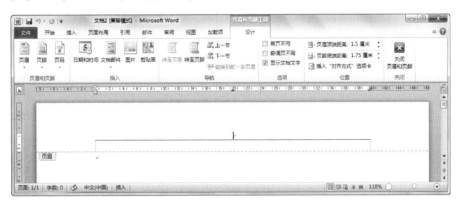

图3—4—12 页眉页脚设置

 拓展练习

1. 韩乐公司最近新推出了一款"水果榨汁杯"，市场推广部需要为这款新产品设计一份图文并茂、吸引客户眼球的宣传海报。请利用素材文件夹中相关资料设计制作一张宣传海报。

2. 福临小区居委会准备在小区中张贴节约用水宣传小报，内容包括节水必要性、节水小窍门等，请运用所给素材设计制作一份节约水资源的公益海报。

XIANGMUSI

项目四　电子表格

引言

Excel 2010 是 Microsoft 公司开发的 Office 2010 办公组件之一，是电子表格制作软件，被广泛应用于人们的日常工作、学习和生活中。本项目主要介绍 Excel 2010 软件的常用操作方法。通过本项目的学习，可以了解 Excel 2010 软件以及基本特点；学会 Excel 2010 软件基本操作方法、表格格式化方法、应用简单函数与公式处理数据方法；能够制作统计图等。

活动一　制作销售统计表

活动描述

夏日炎炎，随着热浪来袭，饮料成了人们必不可少的解暑佳品。为了了解各品牌饮料销售情况，天辉超市饮料销售部需要提交一份能够说明各品牌饮料销售情况的统计表。

活动分析

1. 了解制作软件。
2. 了解 Excel 2010 界面。
3. 分析销售表内容。
4. 新建销售表。
5. 输入销售表各项内容。
6. 输入相关数据。

方法与步骤

一、编辑工作表

1. 打开 Excel 2010 软件，进入 Excel 软件界面，如图 4—1—1、图 4—1—2 所示。

2. 点击"文件"选项中的"保存"按钮，打开"另存为"对话框，"文件名"中输入"饮料销售统计表"，保存类型中选择"Excel 工作簿（＊.xlsx）"如图 4—1—3 所示。

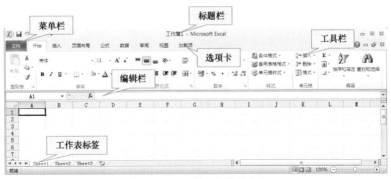

图 4—1—1 Excel界面介绍

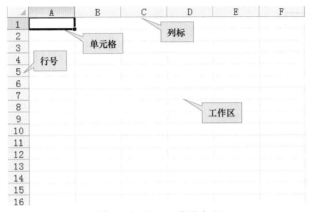

图 4—1—2 工作区介绍

图 4—1—3 文件保存

3. 选择 sheet1 工作表，单击鼠标右键，选择"重命名"选项，输入"饮料销售表"字样，如图 4—1—4 所示。

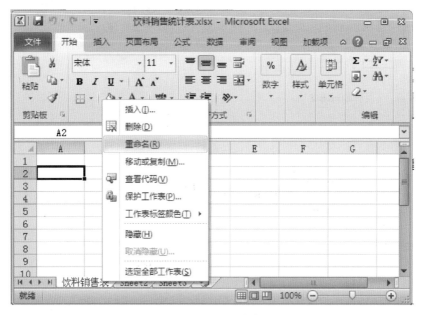

图 4—1—4　工作表命名

二、建立销售表

1. 打开"饮料销售统计表．xlsx"文件。

2. 选择"A1"单元格，输入"天辉超市饮料（250 mL）销售统计表"字样，输入文字后按下"Enter"键确认或用鼠标选择另一单元格，如图 4—1—5 所示。

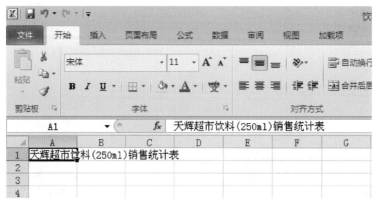

图 4—1—5　A1 文字内容

提示：鼠标左键单击选取单个单元格，通过鼠标拖曳选择多个单元格区域，按住Ctrl键同时鼠标点选可选择多个不连续单元格区域。

3. 同理，在相应单元格中输入"名称""销售单价""销售数量""销售金额"字样，如图4—1—6所示。

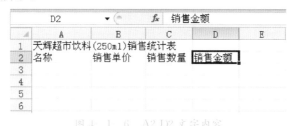

图4—1—6　A2:D2文字内容

提示：单元格中可输入字符、数字、日期、符号等格式数据。

三、输入与编辑数据

1. 在"名称"列中输入不同饮料名称，如图4—1—7所示。

2. 选择B3单元格，输入"0.99元"，如图4—1—8所示，将光标定位在单元格右下角，出现填充柄标记（黑实心十字形状），拖曳鼠标至B6单元格，如图4—1—9所示。

图4—1—7　饮料名称

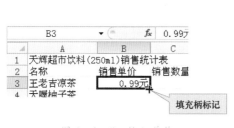

图4—1—8　输入单价 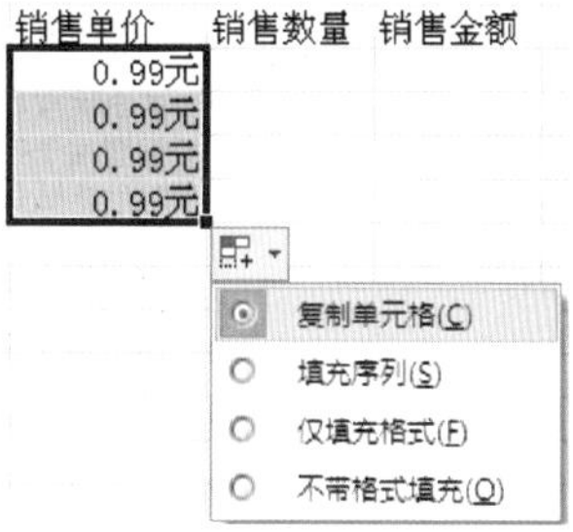　　　　图4—1—9　自动填充输入

提示：自动填充柄的功能是快速输入相同数据或序列数据，此功能提高了输入数据的效率。

3. 选择A列，单击鼠标右键选择"插入"选项，在"名称"列前增加1列，在A2单元格中输入"序列"字样，如图4—1—10、图4—1—11、图4—1—12所示。

4. 在A3单元格中输入"1"，将光标定位在单元格右下角，出现黑实心十字形状，双击鼠标左键，在"自动填充选项"中选择"填充序列选项"，填充序列数据，如图4—1—13 所示。

图 4—1—10 插入列

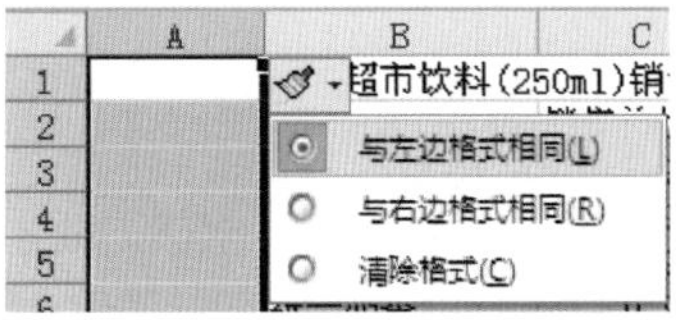

图 4—1—11 设置列属性

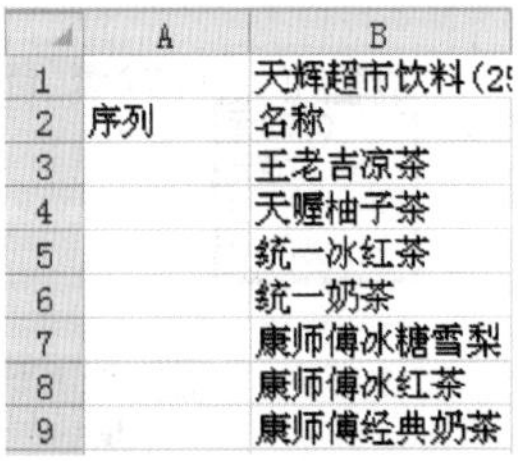

图 4—1—12 输入"序列"字样

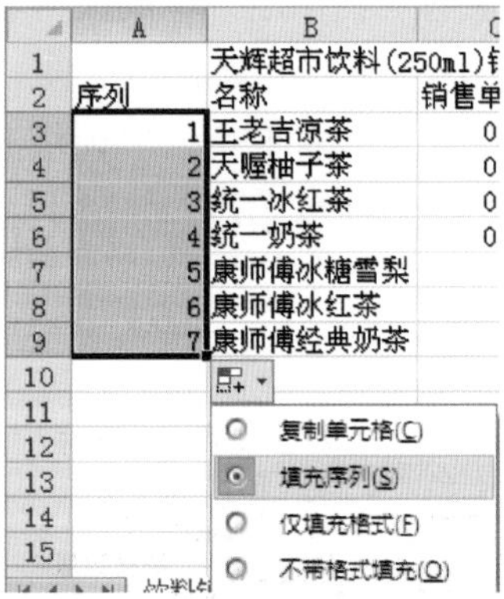

图 4—1—13 选择"填充序列"

提示： 填充柄默认形式是复制单元格中的内容，若需要改变，则可以通过"自动填充"选项卡进行选择。

5. 选择 B1 单元格，单击鼠标右键，选择"剪切"选项，选择A1单元格，单击"开始"工具栏中"粘贴"选项，如图4—1—14、图4—1—15、图4—1—16所示。

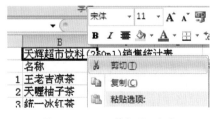

图 4—1—14 剪切 B1 内容

	A	B	C
1	天辉超市饮料(250ml)销售统计表		
2	序列	名称	销售单价
3	1	王老吉凉茶	0.99元
4	2	天喔柚子茶	0.99元
5	3	统一冰红茶	0.99元
6	4	统一奶茶	0.99元
7	5	康师傅冰糖雪梨	1元
8	6	康师傅冰红茶	1元
9	7	康师傅经典奶茶	1元

图 4—1—15 选择 "粘贴"　　　　　　　　图 4—1—16 A1 中内容

提示：剪切、复制、粘贴的方式有三种，可以通过快捷菜单工具栏以及菜单工具栏进行操作，同样也可以通过键盘操作，键盘按键如下：Ctrl＋X（剪切）、Ctrl＋C（复制）、Ctrl＋V（粘贴）。

6. 根据图 4—1—17 中的内容，为各饮料添加销售数量值。

7. 选择 D2 单元格，在编辑栏中将光标定位在"量"字后，输入"（盒）"字样，如图 4—1—18 所示。

名称	销售单价	销售数量
王老吉凉茶	0.99元	150
天喔柚子茶	0.99元	312
统一冰红茶	0.99元	450
统一奶茶	0.99元	246
康师傅冰糖雪梨	1元	700
康师傅冰红茶	1元	898
康师傅经典奶茶	1元	378

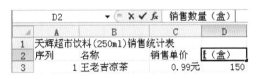

图 4—1—17 销售数量值　　　　　　　　图 4—1—18 添加"（盒）"字

提示：可以使用编辑栏进行数据的输入和修改。

知识链接

Excel 2010 软件介绍：

Excel 是 Microsoft Office 办公软件下的专为处理数据的软件。其功能主要是通过执行计算，分析信息并管理电子表格或网页中的数据信息列表与数据资料图表制作。2010 年所推出的 Office 2010 中的 Excel 具有强大的运算与分析能力。沿用了 Excel 2007 的功能区使操作更直观、更快捷。同时，在 Excel 2010 中使用 SQL 语句，可以灵活地对数据进行整理、计算、汇总、查询、分析等处理，尤其在面对大量数据工作表的时候，SQL 语言能够发挥其更大的威力，快速提高办公效率。Excel 2010 全新的分析和可视化工具可跟踪和突出显示重要的数据趋势。可以在移动办公时从几乎所有 Web 浏览器或 Smartphone 访问重要数据，甚至可以将文件上传到网站并与其他人同时在线协作。

 拓展练习

根据素材请设计一份不同类型（至少 5 种）手机销售统计表，文件保存为"手机销售表.xlsx"

制作要求：

（1）工作表重命名。

（2）设计标题、表头（品名、单价、销售量、销售金额）。

（3）添加文字内容。

（4）输入相关数据。

活动二　美化销售统计表

活动描述

天辉超市销售部门已经将饮料销售数据整合成销售统计表，为了使销售表易读美观，销售部主管要求美化该电子表格。

活动分析

1. 了解格式设置菜单功能。

2. 美化标题与表头。

3. 修饰文字与数据。

4. 制作底纹与边框。

方法与步骤

一、设置标题与表头格式

1. 打开素材"项目四/活动二/饮料销售统计表.xlsx"文件。

2. 选择 A1—E1 单元格区域，单击"开始"工具栏中"合并后居中"选项，如图

4—2—1、图 4—2—2 所示。

图 4—2—1 合并后居中

图 4—2—2 标题居中

3. 选中 A1 单元格，在"开始"工具栏中选择"字体"选项卡，打开"设置单元格格式"对话框，选择"仿宋—GB2312"字体、"常规"字形、"16"字号、"深蓝、文字 2"颜色，如图 4—2—3、图 4—2—4 所示。

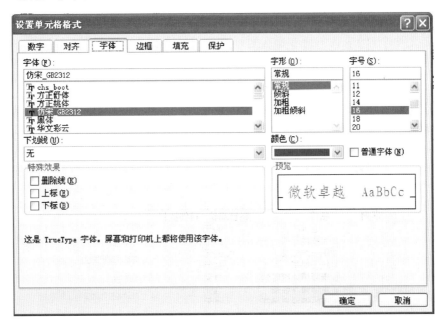

图 4—2—3 标题文字格式

图4—2—4 标题效果

4.选择表头单元格（A2—E2）区域，在"开始"工具栏中，选择"黑体""12"，如图4—2—5所示。

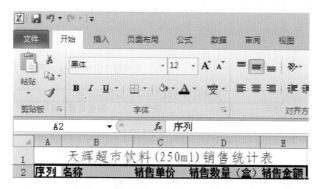

图4—2—5 表头格式

提示：表头说明——每张调查表按惯例总要有被调查者的简况反映，如被调查者的性别、年龄、学历、收入等。这类问题一般排列在调查表开头部分，称"表头"。表头设计应根据调查内容的不同有所区别，表头所列项目是分析结果时不可缺少的基本项目。

5.选择表格内容部分（含表头），选择"开始"工具栏"单元格"选项卡中的"格式"按钮，在下拉列表中选择"自动调整列宽"选项，如图4—2—6所示。

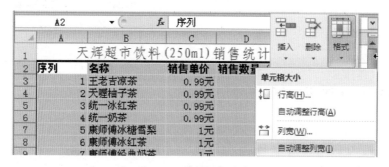

图4—2—6 调整列宽

二、设置文字与数据格式

1. 选择表格内容，在"开始"工具栏中选择"宋体""11"，如图4—2—7所示。

图1-2-7 文字格式

2. 选择C3单元格，在编辑栏中选择"元"字样，将该字剪切至"销售单价"后，并添加括号，删除其他"元"字样，如图4—2—8所示。

3. 选择"销售单价"数据，选择"开始"工具栏"数字格式"选项卡中的"货币"选项，如图4—2—9、图4—2—10所示。

图4-2-8 调整"元"　　　　图4-2-9 数据格式　　　　图4-2-10 货币格式效果

4. 选择表格内容（含表头），选择"开始"工具栏"对齐方式"选项卡中的"居中"选项，如图4—2—11、图4—2—12所示。

图4—2—11 对齐方式

	A	B	C	D	E
1		天辉超市饮料(250ml)销售统计表			
2	序列	名称	销售单价（元）	销售数量（盒）	销售金额
3	1	王老吉凉茶	￥0.99	150	
4	2	天喔柚子茶	￥0.99	312	
5	3	统一冰红茶	￥0.99	450	
6	4	统一奶茶	￥0.99	246	
7	5	康师傅冰糖雪梨	￥1.00	700	
8	6	康师傅冰红茶	￥1.00	898	
9	7	康师傅经典奶茶	￥1.00	378	

图4—2—12 对齐效果

5. 在A10单元格中添加"总计"字样，选择B10—E10单元格区域，点击"开始"工具栏中的"对齐方式"选项，打开"设置单元格格式"对话框，选择"文本控制"中的"自动换行"复选框、"水平对齐"中选择"靠右（缩进）"，点击"确定"按钮，如图4—2—13、图4—2—14所示。

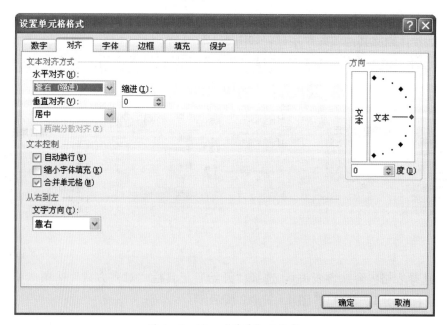

图4—2—13 "总计"行格式

7	5	康师傅冰糖雪梨	￥1.00	700
8	6	康师傅冰红茶	￥1.00	898
9	7	康师傅经典奶茶	￥1.00	378
10	总计			

图 4—2—14 "总计"行效果

三、设置底纹

1. 选择标题行，点击"开始"工具栏"字体"选项中的"填充颜色"按钮，在下拉列表中选择"蓝色，强调文字颜色1，淡色，60%"颜色选项，如图4—2—15所示。

2. 选择表头行，点击"开始"工具栏中的"字体"选项，打开"设置单元格格式"对话框，点击"填充"选项，在"背景色"中选择"浅绿色"，如图4—2—16所示。

3. 同理，设计"序列"列与"总计"行底纹颜色，如图4—2—17所示。

图 4—2—15 标题底纹设置

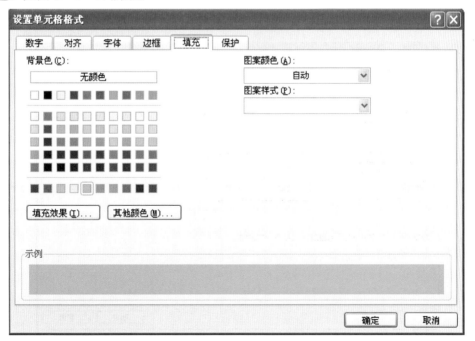

图 4—2—16 表头底纹设置

	A	B	C	D	E
1	天辉超市饮料(250ml)销售统计表				
2	序列	名称	销售单价（元）	销售数量（盒）	销售金额
3	1	王老吉凉茶	￥0.99	150	
4	2	天喔柚子茶	￥0.99	312	
5	3	统一冰红茶	￥0.99	450	
6	4	统一奶茶	￥0.99	246	
7	5	康师傅冰糖雪梨	￥1.00	700	
8	6	康师傅冰红茶	￥1.00	898	
9	7	康师傅经典奶茶	￥1.00	378	
10	总计				

图 4—2—17　表格底纹整体效果

提示： 一般为表格设计底纹的目的在于标题、表头、文字、数据等内容错落有致、突出重点的效果，选择颜色需注意对比色与相对色的选用，一张表格中不同颜色不宜过多，否则让人眼花缭乱，感觉喧宾夺主。

四、设置边框

1. 选择表格内容（除标题行），点击"开始"工具栏中"字体"选项，打开"设置单元格格式"对话框，选择"边框"选项，在"线条样式"中选择第 5 行第 2 个选项，点击"外边框"选项，再次选择"线条样式"中第 7 行第 1 个选项，点击"内部"选项，点击"确定"按钮，如图 4—2—18 所示。

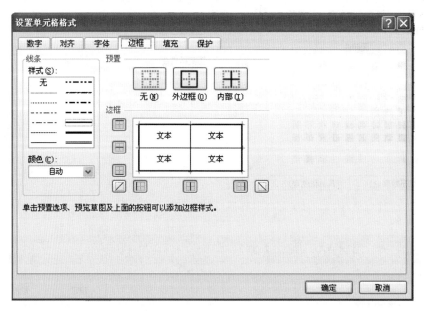

图 4—2—18　表格边框"外粗内细"

2. 选择表头行,点击"开始"工具栏"边框"选项中"双底框线"选项,如图 4—2—19 所示。

图 4—2—19 表头行双线

3. 选择 A2—A10 单元格区域,点击"开始"工具栏中"边框"选项中"其他边框"选项,在"线条样式"中选择第 7 行第 2 个,在"边框"中单击右侧边框,如图 4—2—19、图 4—2—20、图 4—2—21 所示。

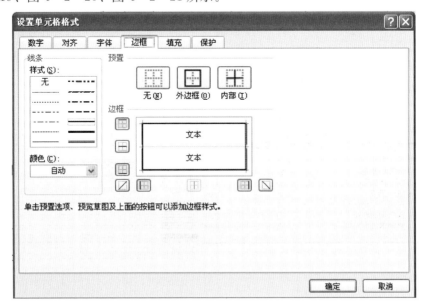

图 4—2—20 A2—A10 区域右侧双线

C20		f_x		
	A	B	C	D	E

天辉超市饮料(250ml)销售统计表

序列	名称	销售单价（元）	销售数量（盒）	销售金额
1	王老吉凉茶	￥0.99	150	
2	天喔柚子茶	￥0.99	312	
3	统一冰红茶	￥0.99	450	
4	统一奶茶	￥0.99	246	
5	康师傅冰糖雪梨	￥1.00	700	
6	康师傅冰红茶	￥1.00	898	
7	康师傅经典奶茶	￥1.00	378	
总计				

图4—2—21 表格边框效果

提示： 表格边框一般采用"外粗内细"的边框形式，若要进一步区分表头与内容则采用双线分隔形式。

知识链接

除了对表格内容分别进行格式设置外，Excel 2010 提供了快速套用格式的方式。具体操作步骤如下：

1. 选择表格内容（含表头），点击"文件"工具栏中"套用表格格式"选项，任意选择一种格式，如图4—2—22、图4—2—23所示。

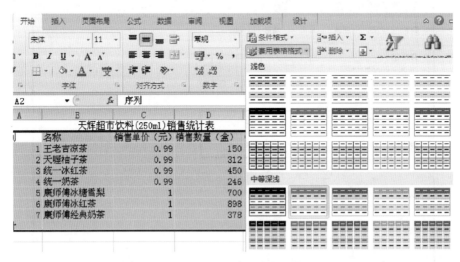

图4—2—22 套用表格格式

2. 点击"设计"选项，打开设计工具栏，根据需要可以调节"标题行、汇总行、

	A	B	C	D	E
	\multicolumn{5}{c}{天辉超市饮料(250ml)销售统计表}				
1			天辉超市饮料(250ml)销售统计表		
2	序列	名称	销售单价(元)	销售数量(盒)	销售金额
3	1	王老吉凉茶	0.99	150	
4	2	天喔柚子茶	0.99	312	
5	3	统一冰红茶	0.99	450	
6	4	统一奶茶	0.99	246	
7	5	康师傅冰糖雪梨	1	700	
8	6	康师傅冰红茶	1	898	
9	7	康师傅经典奶茶	1	378	
10	总计				

图4—2—23 套用格式效果

第一列"等属性的表格格式,如图4—2—24所示。

图4—2—24 设计不同效果

 **拓展练习**

美化"手机销售统计表.xlsx"文件。

制作要求:

(1)美化标题。

(2)增加"序列"列以及相应数据。

(3)设置文字与数据格式。

(4)设置底纹。

(5)添加边框。

活动三　处理数据与制作图表

活动描述

天辉超市市场分析部到销售部关于饮料销售统计表后需要对相应数据进行分析（如各品牌饮料销售金额），为了使分析一目了然，需对销售表的数据图表化。

活动分析

1. 了解简单函数。
2. 计算数据（公式及简单函数）。
3. 数据排序。
4. 制作图表。
5. 设置图表格式。

方法与步骤

一、计算数据

1. 打开素材"项目四/活动三/数据分析与图表 . xlsx"文件。

2. 选择 E3 单元格，在编辑栏中输入"＝C3×D3"，点击"√"选项，如图 4—3—1所示。

3. 将鼠标移动至 E3 单元格右下方，出现填充柄标记，点击鼠标左键同时拖曳鼠标至 E9 单元格，"自动填充选项"中选择"复制单元格"选项，如图 4—3—2 所示。

图 4—3—1　公式计算　　　　　　　　　图 4—3—2　复制公式

提示： 自动填充柄除了可以复制内容外，同样可以复制公式。这一功能大大提高了计算效率。

4. 选择总计内容单元格，点击"公式"工具栏中的"自动求和"按钮，在下拉列表中选择"求和"选项，选择 E3—E9 单元格区域，点击"√"，如图 4—3—3、图4—3—4 所示。

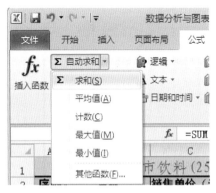

图 4—3—3 自动求和　　　　　　　　图 4—3—4 求和区域

5. 选择 E11 单元格，在编辑栏中点击"插入函数" *fx* 按钮，打开"插入函数"面板，选择"求平均"AVERAGE 函数，选择 E3—E9 单元格区域，点击"确定"按钮，如图 4—3—5～图 4—3—8 所示。

图 4—3—5 求平均函数

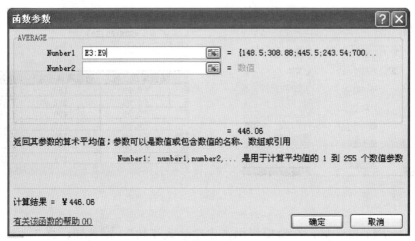

3	1	王老吉凉茶	￥0.99	150	￥148.50
4	2	天喔柚子茶	￥0.99	312	￥308.88
5	3	统一冰红茶	￥0.99	450	￥445.50
6	4	统一奶茶	￥0.99	246	￥243.54
7	5	康师傅冰糖雪梨	￥1.00	700	￥700.00
8	6	康师傅冰红茶	￥1.00	898	￥898.00
9	7	康师傅经典奶茶	￥1.00	378	￥378.00

图4—3—6 选择求平均区域

图4—3—7 平均值

	A	B	C	D	E
1	天辉超市饮料(250ml)销售统计表				
2	序列	名称	销售单价（元）	销售数量（盒）	销售金额
3	1	王老吉凉茶	￥0.99	150	￥148.50
4	2	天喔柚子茶	￥0.99	312	￥308.88
5	3	统一冰红茶	￥0.99	450	￥445.50
6	4	统一奶茶	￥0.99	246	￥243.54
7	5	康师傅冰糖雪梨	￥1.00	700	￥700.00
8	6	康师傅冰红茶	￥1.00	898	￥898.00
9	7	康师傅经典奶茶	￥1.00	378	￥378.00
10	总计				￥3,122.42
11	平均金额				￥446.06

图4—3—8 计算数据效果

二、数据排序

1. 选择 A2—E9 单元格区域，点击"数据"工具栏中"排序"选项，如图4—3—9所示。

2. 在"排序"对话框中，在"主要关键字"中选择"销售数量（盒）"，在"排序依据"中选择"数值"，"次序"中选择"升序"选项，点击"确定"按钮，如图

图4—3—9 选择排序选项

4—3—10、图4—3—11所示。

图4—3—10 排序选项

	A	B	C	D	E
1	天辉超市饮料(250m1)销售统计表				
2	序列	名称	销售单价（元）	销售数量(盒)	销售金额
3	1	王老古凉茶	￥0.99	150	￥148.50
4	4	统一奶茶	￥0.99	246	￥243.54
5	2	天喔柚子茶	￥0.99	312	￥308.88
6	7	康师傅经典奶茶	￥1.00	378	￥378.00
7	3	统一冰红茶	￥0.99	450	￥445.50
8	5	康师傅冰糖雪梨	￥1.00	700	￥700.00
9	6	康师傅冰红茶	￥1.00	898	￥898.00

图4—3—11 排序后效果

提示：排序即对某一或多种条件进行升序或降序的排列，在此我们介绍一种条件的排序方式，大家可以通过添加条件进行多条件排序。

三、制作图表

1. 点击"插入"工具栏"图表"选项卡中的"柱形图"按钮，如图4—3—12所示。

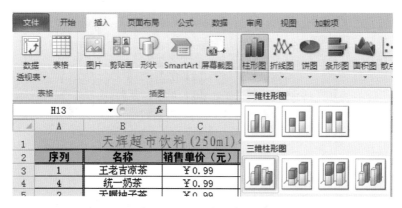

图4—3—12 插入柱形图

2. 在"图表工具"工具栏中,点击"选择数据"选项,打开"选择数据源"对话框,点击选择数据区域按钮 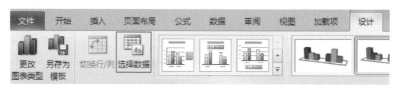,选择 B2—B9 单元格区域,按住 Ctrl 键同时选择 E2—E9 区域,点击选择数据区域按钮,回到"选择数据源"对话框,点击"确定"按钮,如图 4—3—13、图 4—3—14 所示。

图4—3—13 点击选择数据选项

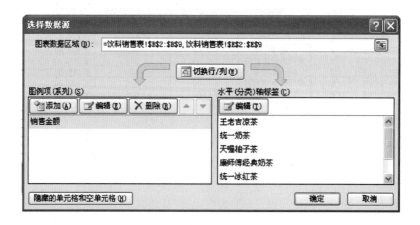

图4—3—14 选择图表区域

提示： 根据数据信息，需要饮料名称以及销售金额的数据作为图表数据源，这些数据所在区域不连续，在选择时需用跳选的方式。也可以先选择数据源后插入图表。

3. 在"设计"工具栏"图表布局"中选择第 1 个布局，"图表样式"中选择"样式 40"，如图 4—3—15、图 4—3—16 所示。

图 4—3—15　图表布局

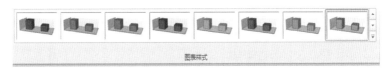

图 4—3—16　图表样式

4. 选择图表中的图表标题，输入"饮料（250 mL）销售统计表"字样，如图 4—3—17 所示。

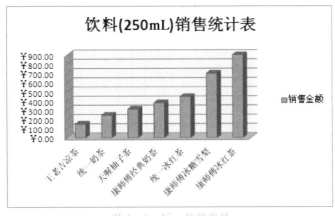

图 4—3—17　标题字样

四、设置图表格式

1. 双击图表空白处，打开"设置图表区格式"对话框，在填充选项中，点选"图片或纹理填充"，选择"纹理"中的"纸莎草纸"纹理，如图 4—3—18 所示。

图 4—3—18　图表填充

2. 点击"边框样式"选项，勾选"圆角"，如图 4—3—19 所示。

图 4—3—19　边框圆角

3. 点击"三维旋转"选项，在"旋转"中设置 X：40°，Y：20°，在"图表缩放"中勾选"直角坐标轴"与"自动缩放"选项，如图 4—3—20 所示。

图 4—3—20　旋转设置

4. 双击 X 轴中的文字，打开"设置坐标轴格式"对话框，在"对齐方式"中"文字方向"设置为"竖排"，如图 4—3—21 所示。

图 4—3—21　文字方向

5. 点击"开始"选项，在"字体"中选择"微软雅黑"，字号"11"，如图
4—3—22、图 4—3—23 所示。

图 4—3—22　文字格式

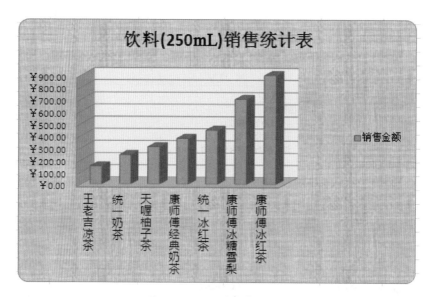

图 4—3—23　图表最终效果

 知识链接

一、Excel 函数

Excel 中所提的函数其实是一些预定义的公式，它们使用一些称为参数的特定数
值按特定的顺序或结构进行计算。Excel 函数一共有 11 类：分别是数据库函数、日期
与时间函数、工程函数、财务函数、信息函数、逻辑函数、查询和引用函数、数学和
三角函数、统计函数、文本函数以及用户自定义函数。

二、常用函数

1. AVERAGE 函数：求出所有参数的算术平均值。

使用格式：AVERAGE（number1，number2，……）

参数说明：number1，number2……需要求平均值的数值或引用单元格（区域），参数不超过 30 个。

2. IF 函数：根据对指定条件的逻辑判断的真假结果，返回相对应的内容。

使用格式：＝IF（Logical，Value＿if＿true，Value＿if＿false）

参数说明：Logical 代表逻辑判断表达式；Value＿if＿true 表示当判断条件为逻辑"真（TRUE）"时的显示内容，如果忽略返回"TRUE"；Value＿if＿false 表示当判断条件为逻辑"假（FALSE）"时的显示内容，如果忽略返回"FALSE"。

3. MAX 函数：求出一组数中的最大值。

使用格式：MAX（number1，number2……）

参数说明：number1，number2……代表需要求最大值的数值或引用单元格（区域），参数不超过 30 个。

4. MIN 函数：求出一组数中的最小值。

使用格式：MIN（number1，number2……）

参数说明：number1，number2……代表需要求最小值的数值或引用单元格（区域），参数不超过 30 个。

5. SUM 函数：计算所有参数数值的和。

使用格式：SUM（number1，number2……）

参数说明：number1、number2……代表需要计算的值，可以是具体的数值、引用的单元格（区域）、逻辑值等。

 拓展练习

对手机销售统计表中的数据进行分析并制作图表。

制作要求：

（1）计算手机销售金额、所有手机销售金额总和以及平均金额。

（2）制作能反映手机销售数量的图表。

（3）美化图表。

XIANGMUWU

项目五　　演示文稿

引言

PowerPoint 2010 是 Microsoft 公司开发的 Office 2010 办公组件之一，是演示文稿制作软件，被广泛应用于人们的日常工作、学习和生活中。通过学习演示文稿的制作，我们将掌握演示文稿的基本概念和基本特点；学会使用 PowerPoint 2010 软件创建演示文稿、在幻灯片中插入文字、图片和表格并进行相关设置，改变幻灯片的背景色，为幻灯片添加母版、"SmartArt"图形、音频、视频和 FLASH 动画，为幻灯片的各元素设计动画，保存演示文稿等基本操作技能。

活动一 制作"2012 F1 上海站赛事介绍"演示文稿

活动描述

小当所在的尼可广告传媒公司给他下达了一个任务，即制作一份介绍有关"2012 F1 一级方程式赛车上海站"的演示文稿，这份演示文稿主要用于 F1 购票处电子大屏幕的播放，给前来购票的观众介绍一些赛事和提示信息。

活动分析

1. 了解演示文稿的制作流程和演示文稿素材的处理方法。
2. 了解幻灯片页面的基本布局和色彩搭配原则。
3. 新建演示文稿和添加新的文稿页面。
4. 插入文字、图片和表格。
5. 文字、图片和表格格式设置。
6. 保存演示文稿。

方法与步骤

1. 打开 Microsoft PowerPoint 2010 软件，这时软件已经自动创建了一份空白的演示文稿。点击"设计"选项卡，然后选择其中的"波形"主题，如图 5—1—1 所示，为演示文稿设置设计模板。

2. 点击页面上的"文本框"，通过输入的方式添加标题"2012 F1 上海站赛事介绍"，设置字体为"华文新魏，48 号"，点击下文本框添加副标题"2012 F1 赛事组委会"，设置字体为"华文新魏，32 号"，如图 5—1—2 所示。

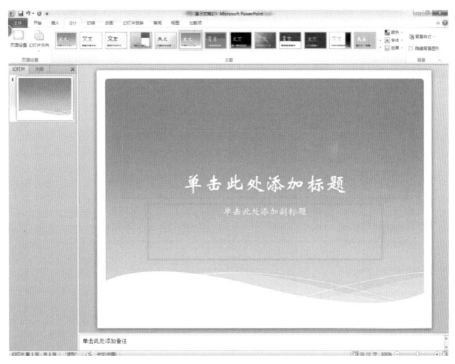

图5—1—1 创建演示文稿

图5—1—2 编辑标题和副标题

3. 点击"开始"选项卡中"新建幻灯片"按钮，并选择其中的"空白"子选项按钮，如图 5—1—3 所示。

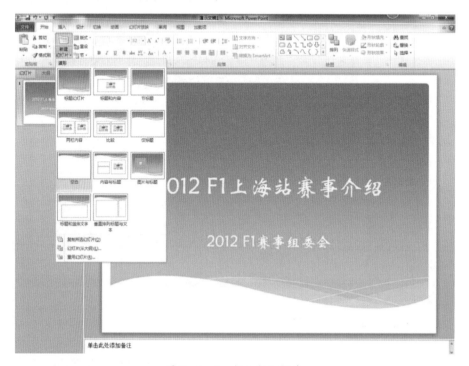

图 5—1—3 插入新幻灯片

4. 点击"插入"选项卡中的"艺术字"按钮，并选择其中的第 6 行第 3 列艺术字样式，在随后弹出的文本框中输入文字"2012 F1 上海站赛事综述"，将艺术字的字体设置成"华文楷体，36 号"，然后调整艺术字位置至页面的左上角，如图 5—1—4 所示。

5. 点击"插入"选项卡中的"文本框"按钮，在页面任意位置点击鼠标，插入文本框，然后在素材（项目五/活动 1/上海 F1 大奖赛）中选取相应的介绍文字，复制到该文本框中。设置文本框中的字体为"华文楷体，22 号"，并将文本框调整到页面的左侧，如图 5—1—5 所示。

6. 点击"插入"选项卡中的"图片"按钮，在弹出的文件选择对话框中选取 F1 上赛场的图片文件，在页面相应位置插入赛场图片，如图 5—1—6 所示。

7. 通过双击选择步骤 6 插入的上赛场图片，在"格式"选项卡中点击"图片边框"按钮，在下拉式的选项中分别选择"蓝色、1.5 磅"选项，这样便为图片添加了边框，接着点击"图片效果"的按钮并在其下拉列表中选择"阴影"→"外部"→"右下斜偏移"选项，如图 5—1—7 所示。

图5－1－4　编辑标题文字

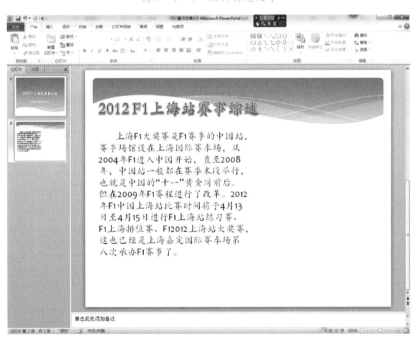

图5－1－5　编辑介绍文字

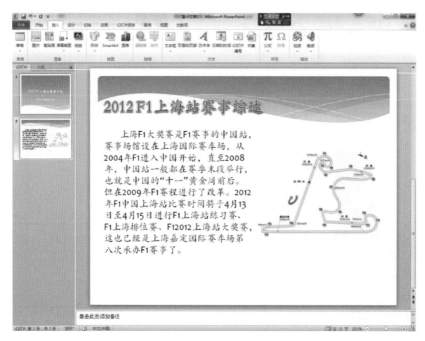

图5—1—6 插入F1赛场图片

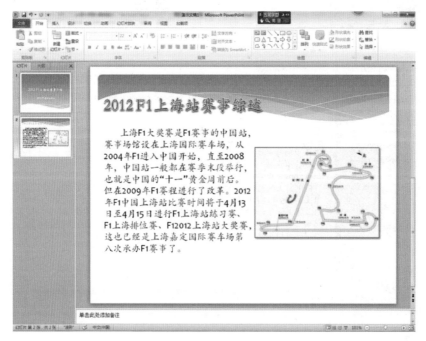

图5—1—7 编辑图片边框

8. 参考步骤 3，新建一个"仅标题"类型的幻灯片。在幻灯片页面上方的文本框中输入文字"2012 F1 参赛车队、车手介绍"，如图 5—1—8 所示。

图 5—1—8 编辑标题

9. 点击"插入"选项卡中的"表格"按钮，在其下拉列表中选择"插入表格"选项，在弹出的对话框中列数输入 3，行数输入 13，这样便在幻灯片页面中建立了一个 13 行 3 列的表格，如图 5—1—9 所示。

10. 在建立的表格中输入相应的车队、车手信息，然后在点击表格任何一个单元格，在出现的"表格工具"中选择"设计"选项卡，并在其中的"样式"下拉式选框中选择"中度样式 2-强调 2"的表格样式，如图 5—1—10 所示。

11. 参考步骤 3，新建一个"空白"样式的幻灯片页面。在页面正中居上的位置插入一个文本框，输入"2012 F1 上海站赛事展望"，并设置字体为"华文楷体，36 号"，如图 5—1—11 所示。

12. 在幻灯片左侧插入文本框，并输入相应有关比赛的前瞻性文字，并设置字体"华文楷体，18 号"。然后在文本框右侧分别插入此次参赛的 6 幅 F1 世界冠军的照片并设置合适的大小和位置，并参考步骤 7 设置 6 张照片为"右下斜偏移"的阴影样式，如图 5—1—12 所示。

图5—1—9 插入表格

图5—1—10 设置表格样式

图5-1-11 新建幻灯片页面

图5-1-12 编辑页面文字、图片

13. 参考步骤 3，新建一个"仅标题"样式的幻灯片页面，并在标题框中输入文字"2012 F1 上海站购票须知"，设置其字体为"华文楷体，36 号"。然后在标题框下插入一个文本框，将有关赛事须知的文本内容复制到此文本框中，设置其字体为"华文楷体，16 号"，其中各条须知的标题设置为"红色，加粗"，如图 5—1—13 所示。

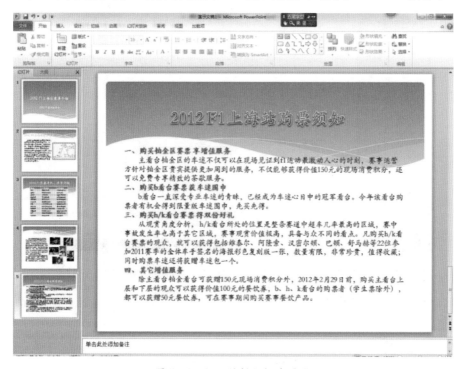

图 5—1—13　编辑幻灯片页面

14. 参考步骤 3，新建一个"仅标题"样式的幻灯片页面，并在标题框中输入文字"2012 F1 上赛场交通"，设置其字体为"华文楷体，36 号"。然后在标题框下插入一个文本框，将有关赛事须知的文本内容复制到此文本框中，设置其字体为"华文楷体，16 号"，其中赛场地址设置为"红色，加粗"，如图 5—1—14 所示。

15. 保存幻灯片。选择"文件"→"保存"命令，在弹出的对话框中选取文件保存的位置并输入"2012 F1 上海站赛事介绍"作为文件保存的名称，在"保存类型"中选择"PowerPoint 演示文稿"，然后点击"保存（S）"，完成，如图 5—1—15 所示。

16. 制作完成。

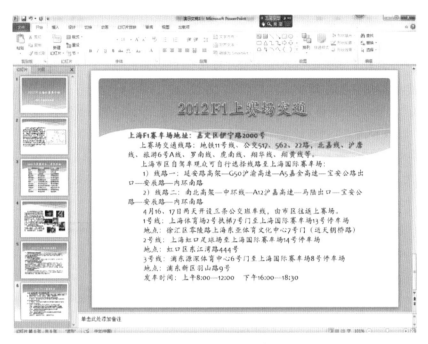

图 5-1-14 编辑幻灯片页面

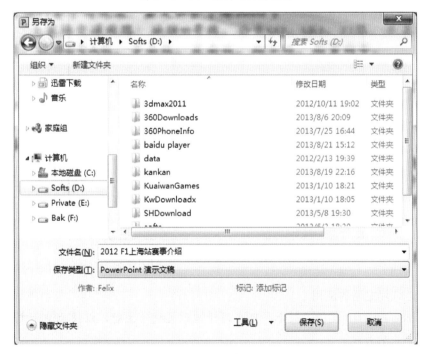

图 5-1-15 保存演示文稿

知识链接

一、幻灯片版式的应用

"版式"是指幻灯片内容在幻灯片上的排列方式。PowerPoint 2010 提供了"标题幻灯片""标题和内容""节标题""两栏内容""比较""仅标题""空白""内容与标题""图片与标题""标题和竖排文字""垂直排列标题与文本"11 种不同主题布局的幻灯片版式（见图5—1—16），在制作幻灯片时可根据不同的需要利用现有的主题完成页面的布局。

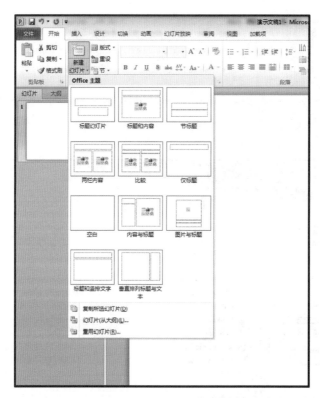

图 5—1—16　插入新幻灯片、选择版式

二、幻灯片主题的应用

PowerPoint 2010 提供了数十种可应用于演示文稿的主题，以便为演示文稿提供设计完整、专业的外观。

设计主题：包含演示文稿样式的文件，包括项目符号和字体的类型和大小、占位符大小和位置、背景设计和填充、配色方案以及幻灯片母版和可选的标题母版。通过在"设计"选项卡中，单击"其他"按钮，弹出下拉窗口，选择自己喜爱的风格的主题。

 拓展练习

1. 项目背景与任务

上海旅游节于每年9月中旬的一个星期六至10月上旬在上海举行。1990年首次举办，原名黄浦旅游节，1996年更名为上海旅游节，该节由上海市旅游事业委员会、上海市经济委员会、上海市文广影视管理局共同主办，以"人民大众的节日"为定位，以"走进美好与欢乐"为主题，通过观光、休闲、娱乐、文体、会展、美食、购物等几个大类多姿多彩的特色旅游产品和近百项活动，集中展示了上海的都市风光、都市文化和都市商业。

小当所在的尼可广告传媒公司接到一项任务，即上海东方街道为迎接上海旅游节，计划在活动广场屏幕上播放宣传幻灯片，现在该任务由小当完成该幻灯片的制作。

2. 设计与制作要求

（1）不少于五张幻灯片，版面布局合理。

（2）用丰富的图片展现旅游节的热闹氛围。

（3）在幻灯片使用表格表现旅游节的节目安排。

活动二 制作"青苗"夏令营开营式演示文稿

活动描述

小当所在的尼可广告传媒公司接到了一项制作任务，即制作一份用于2012年"青苗"网球夏令营开营式上播放的演示文稿，要求题材丰富并能吸引小朋友的兴趣。

活动分析

1. 设置幻灯片的背景色。

2. 添加母版。

3. 添加与设置"Smartart"图形。

4. 添加与设置音频。

5. 添加与设置视频。

6. 添加与设置 FLASH 动画。

方法与步骤

1. 打开 Microsoft PowerPoint 2010 软件,新建一个"标题幻灯片"页面,对幻灯片应用"春季"主题模板。然后在上、下两个文本框中分别输入标题"'青苗'2012 网球夏令营开营式"和"2012.8.24",调整字体和位置到合适大小,如图 5—2—1 所示。

图 5—2—1　编辑标题、副标题

2. 点击"插入"选项卡的"图片"命令,插入名为"网球背景.jpg"的图片。然后选中该图片,选择"开始"选项中的"形状效果"按钮,在下拉式选择框中选择"阴影"→"外部"→"左下斜偏移"在"形状效果"下拉列表中选择"阴影"→"阴影选项"命令,弹出"设置图片格式"对话框,选择"发光和柔化边缘"选项,"柔化边缘"设为"10 磅",并调整至合适大小、位置,如图 5—2—2 所示。

3. 新建一个"仅标题"样式的幻灯片,点击"视图"选项卡,选择其中的"幻灯片母版"按钮,将当前的视图切换为"幻灯片母版"模式,如图 5—2—3 所示。

4. 选择"插入"选项卡中的"文本框"按钮,在当前幻灯片的底部中间位置插入一个文本框,并输入文本"今天做'青苗'学员,明日做网坛大树……青苗,梦想开始的地方!",并设置字体为"华文新魏,16 号",然后点击"视图"选项卡中的"关闭母版视图"按钮,回到普通视图模式,这时在页面的底部就出现了刚才编辑的文本内容,如图 5—2—4 所示。

图 5-2-2 修饰图片

图 5-2-3 切换母版视图

图5—2—4　编辑母版文本

5. 点击页面上方的文本框，输入文本"中国网球运动的发展"，设置字体为"华文隶书，32号"，并添加"向下偏移"的阴影效果。然后在页面中间位置插入一个文本框，将相关素材中的文本复制到文本框中，设置字体为"华文新魏，18号"，如图5—2—5所示。

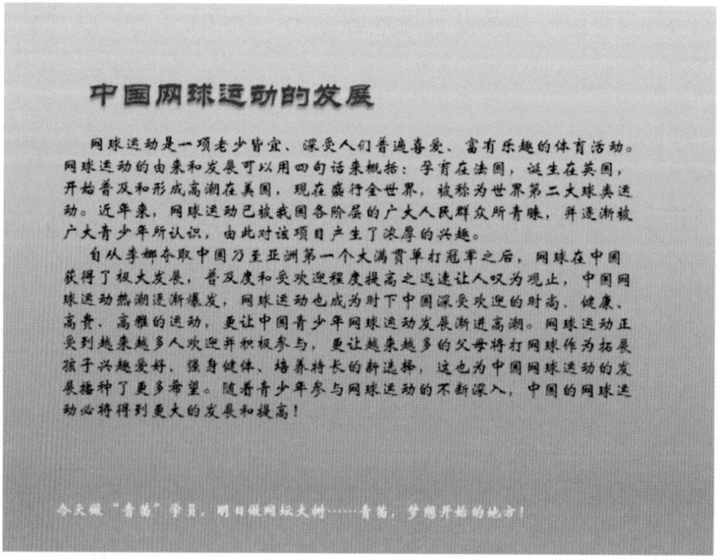

图5—2—5　编辑页面文本

6. 新建一个"仅标题"主题样式的幻灯片，在上方文本框中输入文本"中国球员的四大满贯战绩"，字体字号设置为"华文隶书，32 号"，并添加"向下偏移"的阴影效果。然后复制素材中"四大满贯中国战绩.doc"中的表格，然后通过以"只保留文本"的类型粘贴到幻灯片中，如图 5—2—6 所示。

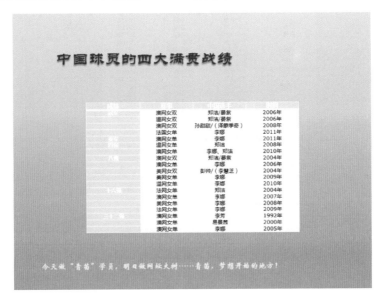

图5—2—6 编辑幻灯片页面

7. 在步骤 6 中建立的表格的任意框线上双击，点击"设计"选项卡的下方工具栏中的"其它"按键，在展开的各种表格样式主题中选择"中度样式 1-强调 2"，然后选中表格第一行文字，将文字颜色设置成黑色。最后将表格调整到合适位置，如图 5—2—7所示。

8. 新建一个"仅标题"主题样式的幻灯片，在上方文本框中输入文本"网球运动的优点"，字体字号设置为"华文隶书，32 号"，并添加"向下偏移"的阴影效果。然后选择"插入"选项卡中的"SmartArt"命令，弹出"选择 SmartArt 图形"对话框，在对话框中选择其中的"列表"类型并在右侧的样式选择区域选择"垂直图片重点列表"样式，点击"确定"，如图 5—2—8 所示。

9. 在接下来出现的 SmartArt 图形文字编辑栏中依次输入"追求时尚""强健体魄""磨炼意志""增强自信""放松身心"和"人际交流"6 个栏目，发现栏目不够时按回车键增加栏目，然后用鼠标分别双击每个栏目前的圆形图标，选取图片素材"网球.jpg"作为每个栏目的图标。接下来在选中 SmartArt 图形的情况下，选择"设计"

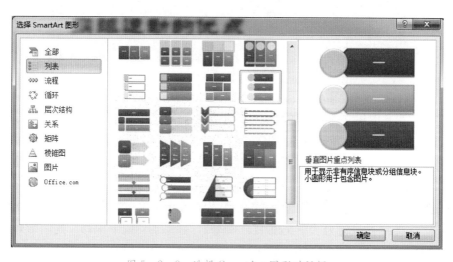

图 5—2—7 设置表格样式

中国球员的四大满贯战绩

成绩	赛事	中国选手	时间
冠军	澳网女双	郑洁/晏紫	2006年
	温网女双	郑洁/晏紫	2006年
	澳网女双	孙甜甜/（深蒙季奇）	2008年
	法国女单	李娜	2011年
亚军	澳网女单	李娜	2011年
四强	温网女单	郑洁	2008年
	澳网女单	李娜、郑洁	2010年
八强	澳网女双	郑洁/晏紫	2004年
	澳网女单	李娜	2006年
	美网女双	彭帅/（李慧芝）	2004年
	美网女单	李娜	2009年
	温网女单	李娜	2010年
十六强	法网女单	郑洁	2004年
	澳网女单	李娜	2007年
	美网女单	李娜	2008年
	法网女单	李娜	2009年
三十二强	澳网女单	李芳	1992年
	澳网女单	易景茜	2000年
	澳网女单	李娜	2005年

今天做"青苗"学员，明日做网坛大树……青苗，梦想开始的地方！

图 5—2—8 选择 SmartArt 图形对话框

选项卡中的"SmartArt 样式"组中的"强烈效果"，改变 SmartArt 图形栏目的外观。最后设置 SmartArt 图形的栏目文本字体为"微软雅黑，24 号，深绿色"，并调整到合适的大小、位置，如图 5—2—9 所示。

10. 选择"插入"选项卡的"视频"→"文件中的视频（F）..."命令，弹出"插入视频文件"对话框并选取素材（项目五/活动二）"普及网球从青少年抓起 . avi"，

图 5—2—9 修改 SmartArt 图形外观

点击"插入"按钮,这样便在页面上插入了一段视频。然后点击选中视频对象,通过视频对象周围的 8 个控制柄改变和调整视频窗口至合适大小和位置,如图 5—2—10 所示。

图 5—2—10 插入视频

11. 新建一个"仅标题"主题样式的幻灯片,在上方文本框中输入文本"训练内容和注意事项",字体字号设置为"华文隶书,32 号",并添加"向下偏移"的阴影效果。在页面右侧插入一个文本框,然后在素材(项目五/活动二)"网球训练注意事项.doc"中选取合适内容复制到文本框中,设置字体字号为"华文新魏,20 号",如图 5—2—11 所示。

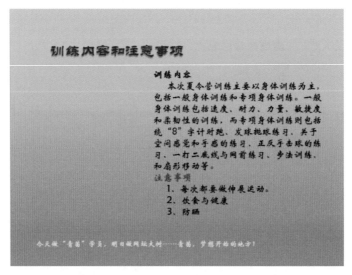

图 5—2—11　编辑幻灯片页面

12. 选择"开始"选项卡中的"保存"命令，将文件保存为"青苗夏令入营式.pptx"。

13. 选择"文件"选项卡中的"选项"命令，弹出"PowerPoint 选项"对话框，在该对话框中的左侧选择"自定义功能区"一栏，然后在右侧勾选其中的"开发工具"复选框，如图 5—2—12 所示，然后点击"确定"，则此时菜单栏上多出了"开发工具"选项卡，如初始菜单中已有开发工具选项卡则此步略过。

图 5—2—12　设置 PowerPoint 功能区选项

14. 选择"开发工具",点击"其他控件"按钮,此时弹出"其他控件"对话框,在此对话框中选择"Shockwave Flash Object"控件,如图 5—2—13 所示,这时鼠标形状将变为十字形,接下来在页面左侧空白处拖动鼠标产生一个控件对象,在此对象上点击鼠标右键,弹出控件的属性面板,如图 5—2—14 所示。

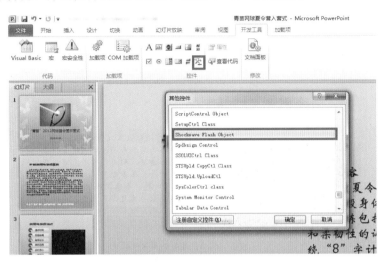

图 5—2—13 插入"Shockwave Flash Object"控件

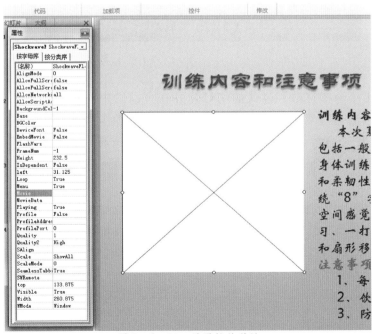

图 5—2—14 设置控件属性

15. 在上述"Shockwave Flash Object"控件对象的属性面板中找到"Movie"属性并点击其右侧的参数栏，输入要插入的 Flash 素材的名称"jcsj.swf"（注意：此处须尽量保证 Flash 素材文件与 PowerPoint 文件在同一目录下，如不在同一目录则需写明 Flash 素材文件的相对路径名称，否则可能出现无法播放 Flash 影片的情况），关闭属性面板。最后调整一下 Flash 影片的大小和位置，注意尽量不要出现白边框，如图5—2—15 所示。

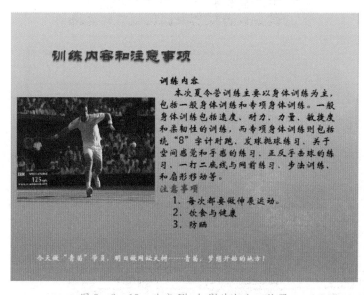

图5—2—15 改变 Flash 影片大小、位置

16. 新建一个"空白"样式的幻灯片并在页面的中间插入素材图片"球员合影·jpg"。然后通过双击选中图片，在"格式"选项卡中的"图片样式"选择框中选择"剪裁对角线，白色"的图片样式，接着选择"图片效果"→"阴影"→"向上偏移"命令，这样便为图片添加了一个特殊的边框，如图 5—2—16所示。

17. 在幻灯片中间偏下的位置插入一个文本框并输入文本"衷心祝愿各位学员在夏令营中都能够得到锻炼和提高，将来都能成功!"，并将字体设置为"华文新魏，24号"。选中文本框，选择"格式"→"形状效果"→"阴影"→"向上偏移"命令，这样文本内容也加上了阴影效果，如图5—2—17 所示。

图5—2—16 插入图片、编辑图片样式

图5—2—17 插入和编辑文本

18. 选择"插入"→"音频"命令，与插入影片的方法类似，在弹出的"插入音频"对话框中找到素材文件"没有彩虹的阳光.mp3"，并点击"插入"按钮。点击选中在页面上插入的音频图标，在"播放"选项卡"音频选项"组中的"开始"下拉式列表框中选择"自动"，并勾选"放映时自动隐藏"和"循环播放，直到停止"复选框，如图5—2—18所示，这样便在最后一页插入了一段能够自动循环播放的声音。

图 5—2—18　设置音频播放选项

19. 选择"文件"→"保存"命令，设定保存的位置及文件的名称（"青苗开营式 .pptx"）输入将演示文稿保存。制作完成。

知识链接

一、幻灯片母版的概念及使用

幻灯片母版是幻灯片层次结构中的顶层幻灯片，用于存储有关演示文稿的主题和幻灯片版式（版式：幻灯片上标题和副标题文本、列表、图片、表格、图表、自选图形和视频等元素的排列方式）的信息，包括背景、颜色、字体、效果、占位符大小和位置。

每个演示文稿至少包含一个幻灯片母版。修改和使用幻灯片母版的主要优点是可以对演示文稿中的每张幻灯片（包括以后添加到演示文稿中的幻灯片）进行统一的样式更改。使用幻灯片母版时，无须在多张幻灯片上键入相同的信息，节省了制作者的时间。如果一个演示文稿非常长，其中包含大量幻灯片，则幻灯片母版特别方便。

由于幻灯片母版会影响整个演示文稿的外观，因此在创建和编辑幻灯片母版或相应版式时，将在"幻灯片母版"视图下操作。在修改幻灯片母版下的一个或多个版式时，实质上是在修改该幻灯片母版。虽然每个幻灯片版式的设置方式都不同，但是与给定幻灯片母版相关联的所有版式均包含相同主题（配色方案、字体和效果）。

二、在幻灯片中插入视频、音频

使用 Microsoft PowerPoint 2010 可以将来自文件的视频直接嵌入到演示文稿中。另外，与使用早期版本的 PowerPoint 一样，您也可以嵌入来自剪贴画库的 .gif 动画文件。

提示： 如果安装了 QuickTime 和 Adobe Flash 播放器，则 PowerPoint 将支持 QuickTime（.mov、.mp4）和 Adobe Flash（.swf）文件，但 PowerPoint 2010 不支持 64 位版本的 QuickTime 或 Flash。

嵌入来自文件的视频操作步骤：

（1）在"普通"视图下，单击要向其中嵌入视频的幻灯片。

（2）在"插入"选项卡上的"媒体"组中，单击"视频"下的箭头，然后单击"文件中的视频"。

（3）在"插入视频"对话框中，找到并单击要嵌入的视频，然后单击"插入"。

提示：您也可以单击内容布局中的"视频"图标来插入视频，如图5—2—19所示。

图5—2—19 "插入视频"对话框

三、在幻灯片中插入 Flash 的方法

操作步骤：在 PPT"控件工具箱"菜单里点击最后那个图标"其他控件"在弹出的下拉列表里选择"shockwave flash object"后鼠标变成一个十字架，这样就摁左键画出一个范围，这个范围是要出入 Flash 的播放窗口。画完后右键点击此框，在弹出的菜单里点击"属性"，然后在弹出的窗口里"movie"那一栏填入要插入 Flash 的文件名。

注意：插入的 Flash 动画需要 swf 格式的，最好文件名不要用中文。另外，在插入之前先把 ppt 和 Flash 放在同一个文件夹里。（"控件工具箱"可以在菜单"视

图"——"工具栏"——"控件工具箱"选中调出）

四、在幻灯片中应用 SmartArt 图形

SmartArt 图形是信息的可视表示形式，可以从多种不同布局中进行选择，从而快速轻松地创建所需形式，以便有效地传达信息或观点。可以在 Excel、Outlook、PowerPoint 和 Word 中创建 SmartArt 图形。

在创建 SmartArt 图形之前，要考虑对哪些最适合显示数据的类型和布局进行可视化。希望通过 SmartArt 图形传达哪些内容、是否要求特定的外观等。由于可以快速轻松地切换布局，因此可以尝试不同类型的不同布局，直至找到一个最适合对所选信息进行图解的布局为止。所选图形应该清楚和易于理解。可以从下表开始尝试不同的类型。

图形的用途	图形类型
显示无序信息	列表
在流程或日程表中显示步骤	流程
显示连续的流程	循环
显示决策树	层次结构
创建组织结构图	层次结构
图示连接	关系
显示各部分如何与整体关联	矩阵
显示与顶部或底部最大部分的比例关系	棱锥图
绘制带图片的族谱	图片

基本步骤：

（1）在"插入"选项卡的"插图"组中，单击"SmartArt"，如图 5—2—20 所示。

（2）在"选择 SmartArt 图形"对话框中，单击所需的类型和布局。

（3）执行下列操作之一以便输入文字：

● 单击"文本"窗格中的"［文本］"，然后键入文本。

● 从其他位置或程序复制文本，单击"文本"窗格中的"［文本］"，然后粘贴文本。

图 5—2—20 "插入"选项卡上的"插图"组示例

● 单击 SmartArt 图形中的一个框，然后键入文本。为了获得最佳结果，请在添加完需要的所有框之后再使用此选项。

 **拓展练习**

1. 项目背景与任务

中国上海国际艺术节是由中华人民共和国文化部主办、上海市人民政府承办的重大国际文化活动，是中国唯一的国家级综合性国际艺术节。自 1999 年至今，中国上海国际艺术节秉承经典、不断创新，走出了辉煌历程。

2012 第十四届上海国际艺术节于 10 月 18 日开幕，而小当所在的尼可广告传媒公司接到一项任务，即为上海国际艺术节开幕式制作一份演示文稿，主题是"上海国际艺术节走过的十余年历程、展望上海艺术节更美好的明天"，小当承担了这份工作。

2. 设计与制作要求

（1）不少于五张幻灯片，版面布局合理。

（2）用丰富的图片、视频、音频和 Flash 动画等素材展现历届上海国际艺术节的盛况。

（3）在幻灯片使用 SmartArt 图形美化幻灯片中所使用的图形。

（4）除首页外，需在每张幻灯片上使用母版标注"第 14 届上海国际艺术节开幕式"字样。

活动三　制作"斯诺克运动介绍"演示文稿

活动描述

定于每年 9 月份举行的斯诺克上海大师赛是世界斯诺克职业巡回赛的官方排名赛，也是亚洲最顶级的斯诺克赛事。在本届大师赛即将召开之际，小当所在的尼可传媒公司接到一项由台协交付的制作演示文稿的任务，该演示文稿主要用于台协组织的培训和讲座。

活动分析

1. 设置幻灯片中各对象的动画效果。

2. 设置幻灯片的超级链。

3. 设置演示文稿的放映方式。

4. 设计演示文稿的播放方式。

5. 设置演示文稿的打印效果。

方法与步骤

1. 打开 PowerPoint 2010，新建一个演示文稿，并选"设计"选项卡"主题"组中的"极目远眺"作为幻灯片的设计模板。然后在标题文本框内输入文字"斯诺克运动介绍"并设计字体为"方正姚体，40 号"，如图 5—3—1 所示。

图 5—3—1　新建幻灯片页面

2. 在幻灯片页面下方的副标题文本框内依次输入所介绍的五个版块的名称"斯诺克规则介绍、斯诺克重大赛事、著名斯诺克球员、斯诺克赛事精彩瞬间、斯诺克运动的未来"，输入的版块名称间要用回车键换行。然后选中这些文字，鼠标右键并选择"转换成 SmartArt（M）"→"其他 SmartArt 图形（M）..."命令，在"选择SmartArt 图形"对话框中选择"列表"类型中的"梯形列表"类型。最后选中建立的SmartArt 图形，并在"开始"选项卡中设置其字体为"方正姚体，14 号"，将各版块大小微调一下，使文本内容合理显示，如图 5—3—2 所示。

3. 新建一个"仅标题"类型的幻灯片页面，在上方的标题文本框内输入标题"斯诺克规则介绍"并设置字体为"华文新魏，30 号"，然后选择"对齐文本"→"中部对齐"命令，把标题文本置于页面中间偏上的位置，如图 5—3—3 所示。

4. 选择"插入"选项卡中的"文本框"命令，拖动鼠标在页面中间位置拉出一个文本框，然后在素材"斯诺克台球规则简介 .doc"中选择合适的有关规则的内容，并设置字体为"方正姚体（标题），14 号"、段后间距 4 磅。最后采用同样方法在页面下

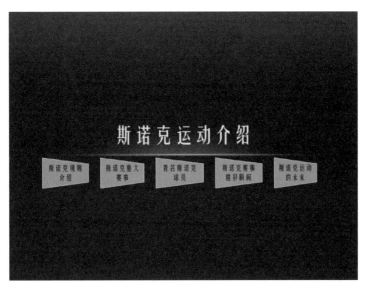

图 5—3—2 插入和编辑 SmartArt 图形

图 5—3—3 在新幻灯片页面上编辑标题

方偏右位置输入文字"返回",设置其字体为"方正姚体(标题),18号",如图
5—3—4所示。

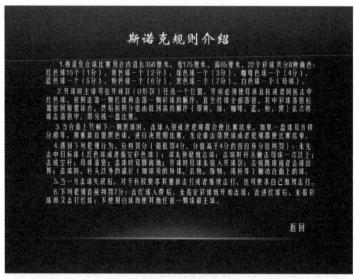

图 5—3—4　编辑相关文本

5. 参考步骤3，新建一个"仅标题"类型的幻灯片页面，在上方的标题文本框内输入标题"斯诺克重大赛事"并设置字体为"华文新魏，30号"，然后选择"对齐文本"→"中部对齐"命令，把标题文本置于页面中间偏上的位置并在标题下方插入一张素材中的图片"斯诺克图例.jpg"，并改变其大小和位置至合适位置。接着双击图片，通过"格式"选项卡设置图片为"柔化边缘矩形"效果，如图5—3—5所示。

图 5—3—5　插入和设置图片样式

6. 然后分别插入四个文本框，将素材中的相应文本内容复制到文本框中，并设置字体为"方正姚体（正文），16号"，其中段首若干文字设置为"方正姚体（正文），20号，黄色"。最后，在页面下方偏右位置输入文本"返回"，设置其字体为"方正姚体（标题），18号"，如图5—3—6所示。

图5—3—6 编辑相应介绍文本

7. 新建一个"仅标题"类型的幻灯片页面，在上方的标题文本框内输入标题"斯诺克著名球员"并设置字体为"华文新魏，30号"，然后选择"对齐文本"→"中部对齐"命令，把标题文本置于页面中间偏上的位置。然后选择"插入"选项卡中的"艺术字"命令并输入艺术字文本"斯诺克四大天王"，在工具栏的"艺术字样式"框中选择其样式为"茶色，强调文字颜色2，粗糙棱台"。最后在"开始"选项卡中设置艺术字的字体字号为"方正姚体，24号"，如图5—3—7所示。

8. 分别插入素材中"斯诺克四大天王"（亨德利、奥沙利文、希金斯、威廉姆斯）的图片，并分别右键点击图片选择"设置图片格式（O）..."命令，在弹出的"设置图片格式"对话框中选择"大小"一栏，保持其中的"锁定纵横比"复选框的选中状态并在右侧的"高度"数值框中输入"2.6"，然后按回车确定（见图5—3—8）。最后把四张图片分别移动到合适位置，双击图片并选择"柔化边缘矩形"的图片样式并在图片下方插入一个文本框，输入四人的姓名，文本格式为"华文新魏，14号"，如图5—3—9所示。

图 5—3—7 编辑新幻灯片中的艺术字

图 5—3—8 "设置图片格式"对话框

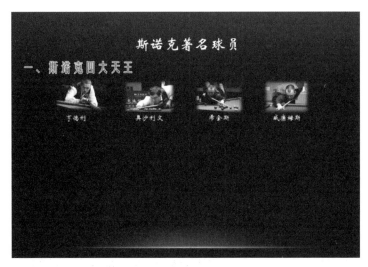

图5—3—9　编辑和设置四张图片样式、大小、位置

9. 选中、复制并在当前页面粘贴上方包含"一、斯诺克四大天王"文字的文本框，将复制所得的文本框中的内容改为"二、斯诺克中生代球员"，并移动到合适位置。然后分别插入素材中中生代球员（塞尔比、罗伯逊、墨菲、丁俊晖、特鲁姆普）的图片，参考步骤8中相同的设置，并将这些图片移动到合适位置，同样在图片下方插入文本框插入球员姓名，设置同步骤8，如图5—3—10所示。

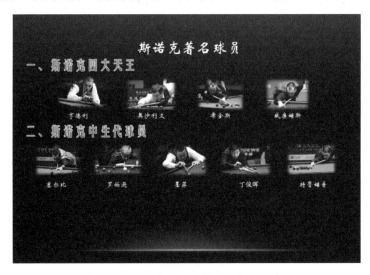

图5—3—10　编辑图片样式、大小、位置

10. 选中、复制并在当前页面粘贴上方包含"一、斯诺克四大天王"文字的文本框，将复制所得的文本框中的内容改为"三、临时世界排名（1—10）"，并移动到合适位置。然后选择"插入"选项卡中的"艺术字"命令，在文本框中输入斯诺克临时排名前十的选手姓名，并在"格式"选项卡中设置艺术字样式为"填充-蓝-灰，强调文字颜色 1，内部阴影-强调文字颜色 1"，设置艺术字字体为"华文新魏，14 号"。最后，参考步骤 6 在页面右下角输入文字"返回"并作相同的设置，如图 5—3—11 所示。

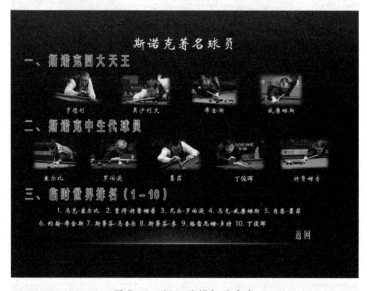

图 5—3—11　编辑相关文本

11. 新建一个"空白"版式的幻灯片，复制第四张幻灯片中的标题并在本页面进行粘贴，然后把其中的文本内容"斯诺克著名球员"改成"斯诺克比赛精彩瞬间"。插入素材中多张有关斯诺克比赛精彩瞬间的图片，设置其大小高为 1.9 厘米、宽为 3 厘米左右，并对所有插入的图片设置"边缘柔化矩形"图形样式。最后插入一段视频素材"世上最快 147！奥沙利文 5 分 25 秒 147.avi"，把素材置于页面的中间位置，添加"外部阴影矩形"的视频样式效果，图片则任意排列在其周围并通过图片控制柄稍作旋转，参考步骤 6 在页面右下角输入并设置文本"返回"，如图 5—3—12 所示。

12. 新建一个"空白"版式的幻灯片，复制第四张幻灯片中的标题并在本页面进行粘贴，然后把其中的文本内容"斯诺克比赛精彩瞬间"改成"中国，斯诺克的未来？"。然后在页面中间插入一个文本框，选择素材"中国斯诺克现状调查……"中的部分内容，复制到当前页面中。点击文本框，在"格式"选项卡中"艺术字样式"栏中为刚才复制的文本选择"填充-蓝-灰，强调文字颜色 1，内部阴影-强调文字颜色 1"

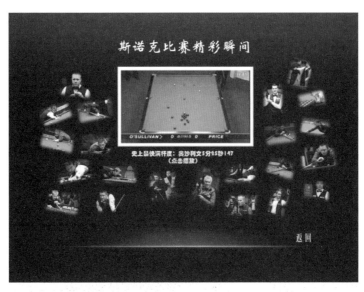

图5—3—12　修改图片样式和大小、位置、插入视频

的样式，并且对三个小标题设置"填充-白色，投影"样式。最后用步骤6同样方法制作"返回"二字，如图5—3—13所示。

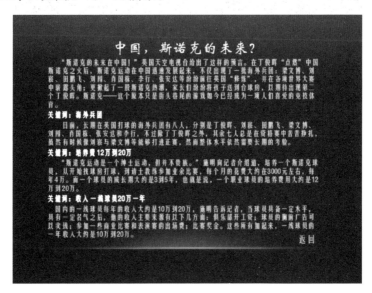

图5—3—13　编辑相关文本

13. 制作超级链接，实现页面的跳转。将当前页面切换到第一张幻灯片，在

SmartArt 图形的第一个文本区块（即"斯诺克规则介绍"）中右击，并在其后弹出的右键菜单中选择"超链接（H）..."命令，弹出"插入超链接"对话框，在左侧选择其中的"本文档中的位置"一栏，并在右侧的"请选择文档中的位置"框中点击"斯诺克规则介绍"项，按"确定"关闭对话框。然后采用同样的方法制作其他四个文本区块的超级链接，让这些文本区块分别能链接到相对应的幻灯片。最后同样为其余每个页面中的"返回"文字制作返回第一张幻灯片的超级链接，如图 5—3—14 所示。

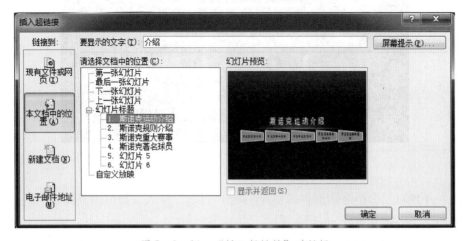

图 5—3—14 "插入超链接"对话框

14. 为演示文稿的各幻灯片页面设计切换效果。在窗口左侧的幻灯片选择区选择第一张幻灯片，选择"切换"选项卡后在"切换到此幻灯片"选择框中选择"形状"切换类型，此时如果播放幻灯片则发现第一张幻灯片播放时已经有了相应的"形状"切换效果。如图 5—3—15 所示，在切换选项卡中还可以选择设置幻灯片切换的声音、速度和换片方式，其中"换片方式"是指在播放时自动换片还是通过鼠标点击的方式换片。接着，采用同样方法对其他幻灯片设置切换方式。

图 5—3—15 幻灯片页面切换选项卡

15. 为演示文稿的每个元素添加动画效果。在窗口左侧的幻灯片选择区选择第一张幻灯片，点击其中的标题文本框，选择"动画"选项卡，然后在"动画"选择框中为当前的标题文本框选择动画类型"轮子"，点击左侧的"预览"按钮可以播放刚才为标题设置的动画效果，如图 5—3—16 所示，在"动画"选项卡"计时"组中设置"开始"选项为"上一动画之后"，即自动播放动画时不需鼠标点击（此外，还可以根据需要设置持续时间和延迟及对页面中所有动画出现的次序排序等）。

图 5—3—16　幻灯片动画选项卡

16. 对演示文稿其他幻灯片的各元素添加动画效果，注意动画出现的先后次序，每个动画的"开始"选项均设置为"上一动画之后"，即自动按设定次序播放。

17. 设置幻灯片的放映方式。选择"幻灯片放映"选项卡，点击"设置幻灯片放映"按钮，弹出"设置放映方式"对话框，在"放映类型"中选择"观众自行浏览（窗口）（B）"单选框；在"放映选项"中勾选"循环放映，按 ESC 键终止（L）"复选框；在"换片方式"中选择"如果存在排练时间，则使用它（U）"，如图 5—3—17 所示。

图 5—3—17　"设置放映方式"对话框

18. 设置幻灯片排练计时。点击"幻灯片放映"选项卡"设置"组中的"排练计时"按钮，此时幻灯片进入排练计时状态，如图 5—3—18 所示，通过点击鼠标可以跳跃到下一个对象或切换到下一张幻灯片，直到最后一张幻灯片所有项目播放完毕，之后点击排练计时控制条上的关闭按键，并在弹出的询问是否要保留新的排练时间的对话框中选择"是"，关闭对话框。如果这时播放幻灯片，系统则会按照这次排练计时的播放设置来放映幻灯片。

图 5—3—18　排练计时示例图

19. 打印幻灯片。通过"文件"→"打印"命令，打印幻灯片。在"设置"一栏中选择"打印全部幻灯片"，在"幻灯片"一栏中可以设置打印版式（包括整页幻灯片、备注页和大纲三种）与讲义（包括每页一张或多张、以水平或垂直排列的方式打印幻灯片）等。

20. 选择"文件"→"保存"命令，设定保存的位置及文件的名称（"斯诺克运动介绍.pptx"）将演示文稿保存。

 知识链接

一、幻灯片中创建超链接

在 PowerPoint 中，超链接可以是从一张幻灯片到同一演示文稿中另一张幻灯片的链接（如指向自定义放映的超链接），也可以是从一张幻灯片到不同演示文稿中另一张幻灯片、到电子邮件地址、网页或文件的链接。可以从文本或对象（如图片、图形、形状或艺术字）创建超链接。

可以创建指向以下对象的超链接：

● 同一演示文稿中的幻灯片。
● 不同演示文稿中的幻灯片。
● Web 上的页面或文件。
● 电子邮件地址。

● 新文件。

二、幻灯片中对象的动画设置

若要将注意力集中在要点上、控制信息流以及提高观众对演示文稿的兴趣，使用动画是一种好方法。可以将动画效果应用于个别幻灯片上的文本或对象、幻灯片母版上的文本或对象，或者自定义幻灯片版式上的占位符。

向对象添加动画，执行以下操作：

（1）选择要制作成动画的对象。

（2）在"动画"选项卡上的"动画"组中，单击"其他" ▼ 按钮，然后选择所需的动画效果，如图5—3—19所示。

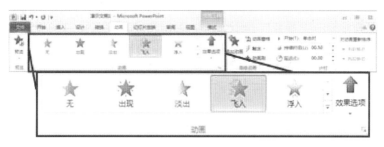

图5—3—19 动画设置图示

● 如果没有看到所需的进入、退出、强调或动作路径动画效果，请单击"更多进入效果""更多强调效果""更多退出效果"或"其他动作路径"。

● 在将动画应用于对象或文本后，幻灯片上已制作成动画的项目会标上不可打印的编号标记，该标记显示在文本或对象旁边。仅当选择"动画"选项卡或"动画"任务窗格可见时，才会在"普通"视图中显示该标记。

三、向幻灯片添加切换效果

幻灯片切换效果是在演示期间从一张幻灯片移到下一张幻灯片时在"幻灯片放映"视图中出现的动画效果。您可以控制切换效果的速度，添加声音，甚至还可以对切换效果的属性进行自定义。

向幻灯片添加切换效果：

（1）在包含"大纲"和"幻灯片"选项卡的窗格，单击"幻灯片"选项卡，如图5—3—20所示。

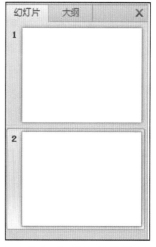

图5—3—20 切换到"幻灯片"选项卡

（2）选择要向其应用切换效果的幻灯片的缩略图。

（3）在"切换"选项卡的"切换到此幻灯片"组中，单击要应用于该幻灯片的幻灯片切换效果，如图 5—3—21 所示。

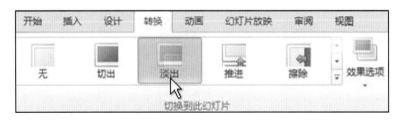

图 5—3—21　设置切换方式

（4）在"切换到此幻灯片"组中选择一个切换效果。在此示例中，已选择了"淡出"切换效果。

（5）若要查看更多切换效果，请单击"其他"按钮。

四、设置幻灯片放映方式

在默认情况下，PowerPoint 2010 会按照预设的演讲者放映方式来放映幻灯片，但放映过程需要人工控制，在 PowerPoint 2010 中，还有两种放映方式，一是观众自行浏览，二是在展台浏览。

在"放映类型"选项区中，各单选按钮的含义如下：

（1）"演讲者放映方式"单选按钮：演讲者放映方式是最常用的放映方式，在放映过程中以全屏显示幻灯片。演讲者能控制幻灯片的放映，暂停演示文稿，添加会议细节，还可以录制旁白。

（2）"观众自行浏览"单选按钮：可以在标准窗口中放映幻灯片。在放映幻灯片时，可以拖动右侧的滚动条，或滚动鼠标上的滚轮来实现幻灯片的放映。

（3）"在展台浏览"单选按钮：在展台浏览是 3 种放映类型中最简单的方式，这种方式将自动全屏放映幻灯片，并且循环放映演示文稿，在放映过程中，除了通过超链接或动作按钮来进行切换以外，其他的功能都不能使用，如果要停止放映，只能按【Esc】键来终止。

拓展练习

1. 项目背景与任务

"海派清口"是上海滑稽演员周立波所创立，是从上海本地的单口滑稽、北京单口相声和香港地区"栋笃笑"等曲艺表演形式中汲取精华发展而成。清口就是一个人在台上表演，不过说的是社会热点、焦点，加上演员自己的演绎，传达一种快乐的生活方式。可以毫不夸张地说，"海派清口"已经成为上海海派文化中的一个新亮点。

小当所在的尼可广告传媒公司接到一项任务，即上海喜多剧团为举办"海派清口"专场演出，委托他们公司制作一张介绍上海"海派清口"的幻灯片，该幻灯片主要用于在剧场门口的大屏幕播放作宣传用。

2. 设计与制作要求

（1）不少于5张幻灯片，版面布局合理。

（2）能够用超级链接实现各页面之间的跳转。

（3）要求各幻灯片页面的元素有不同的动画效果，吸引眼球。

（4）幻灯片能够自动循环播放。

M
ONITI

模拟题

计算机操作员模拟试题一

一、操作系统使用

1. 项目背景
小丁爱好欣赏风景，他从网上收集了很多风景图片。

2. 项目任务
请将素材"风景图片"文件夹中的文件按设计和制作要求进行分类整理。

3. 设计要求
设计三个文件夹，将同一内容的文件放在一个文件夹中。

4. 制作要求
（1）在"风景图片"文件夹中建立名为"海景""沙漠"和"山脉"的三个文件夹。

（2）将所有文件名中包含有"海"字的文件存放到"海景"文件夹中；文件名中包含有"沙漠"的文件存放到"沙漠"文件夹中；文件名中包含有"山"字的文件存放到"山脉"文件夹中。

（3）将无法归类的文件删除。

二、因特网操作

1. 项目背景
随着信息化社会的日益发展，网络已经成为人们必不可少的信息来源。

2. 项目任务
对 IE 浏览器进行设置，搜索并下载信息，收发邮件。

3. 制作要求
（1）某网站的主页地址是：http：//www.baidu.com，打开此主页，通过对 IE 浏览器参数进行设置，使其成为 IE 的默认主页。

（2）使用 Internet Explorer 浏览器，通过百度搜索引擎（网址为：http：//www.baidu.com）搜索"东方明珠"的资料，将搜索到的第一个网页内容以文本文件的格式保存到指定目录下，命名为"东方明珠.txt"。

（3）启动电子邮件收发软件（Windows Live Mail），创建一封新邮件，收件人为 xiaoding@sina.com.cn 邮件主题："祝你学习进步"，邮件内容为"新学期又到了，祝你学习进步。"并添加附件（路径为："第一套试卷素材 \ 卡通 . jpg"）。

三、Word 资源整合

1. 按照样张的内容在 Word 中输入文字，完成后，在指定目录下将文件保存为"文字录入 . docx"。

> 故宫位于北京市中心，旧称紫禁城。于明代永乐十八年（1420 年）建成，是明、清两代的皇宫，汉族宫殿建筑之精华，无与伦比的古代建筑杰作，世界现存最大、最完整的木质结构的古建筑群。故宫全部建筑由"前朝"与"内廷"两部分组成，四周有城墙围绕。四面由筒子河环抱。城四角有角楼。四面各有一门，正南是午门，为故宫的正门。故宫是明清两代的皇宫，是我国现存最大最完整的古建筑群。明成祖朱棣决定迁都北京，在 500 年历史中有 24 位皇帝曾居住于此。

2. 根据要求制作 Word 小报

（1）项目背景

为普及交通法则，增强居民遵守交通规则的意识，社区以"遵守交通规则，人人有责"为主题展开交规宣传活动，共建安全、和谐的环境。

（2）项目任务

请运用所给资料，完成一份遵守交通规则的小报。最后完成的作品以"遵守交通规则 . docx"为文件名保存在指定目录中。

（3）设计要求

1）版面大小为一页 A4 纸大小。

2）要求图文并茂、版面合理，字体与图片大小合适，图文搭配正确。

（4）制作要求

1）将标题设为黑体、三号、居中对齐，将正文文字设置为楷体、小四号。

2）将正文设置 1.5 倍行距，第一、第二段首行缩进 2 字符。

3）将带项目符号的段落改成数学编号，格式为"1）、2）……"。

4）插入素材中"交规 1. jpg""交规 2. jpg""交规 3. jpg"三张图片，图片大小合适，四周型环绕方式。

5）在文末添加合适大小的艺术字"遵守交通规则人人有责"。

6）添加页眉"为了您和家人的幸福，请自觉遵守交通规则"，字体为隶书、小四号字，居右对齐。

四、数据资源整合

1. 项目背景

上海明星水果经销部是一家水果经销公司，公司批发销售各类水果。

2. 项目任务

请运用所提供的资料，以表格和图表形式对各类水果销售情况进行统计，最后完成的统计表格以"水果销售.xlsx"文件名保存在指定目录中。

3. 设计要求

（1）运用所给素材，设计合适的数据表格，在表格中显示各类水果2013年1月至6月销售情况。

（2）计算各类水果6个月的平均销售额以及销售总计。

（3）对表格进行美化。

（4）设计适当的统计图，能反映出6个月各类水果的平均销售额。

（5）对统计表进行美化。

4. 制作要求

（1）新建Excel工作表，表格能反映上海明星水果经销部2013年1月至6月各类水果销售情况。

（2）销售额数据使用货币数值（￥）表示方法（保留1位小数）。

（3）计算各类水果6个月的平均销售额以及销售合计。

（4）对表格进行格式设置：标题字号14磅、加粗、合并居中，副标题（单位：元）居右且右对齐，表格内容字号10磅、右对齐，表格线均为最细线。

（5）制作6个月各类水果平均销售额的统计图，能够反映各类水果的平均销售情况。

（6）统计图设置标题："2013上半年各类水果平均销售情况"；图表区阴影，圆角，填充纯色背景。

五、多媒体作品编辑制作

1. 项目背景

宫殿泛指帝王居住的高大华美的房屋，它几乎也是政治和权力中心的象征，它们都是大型的园林建筑或建筑群，是权力的一种空间体现，它们高大雄伟，巍峨壮丽、富丽堂皇，给人一种威慑的感觉。

2. 项目任务

请你运用所给的素材，制作一个介绍世界著名宫殿的多媒体演示文稿，完成的作品以"宫殿.pptx"为文件名，保存在原目录下。

3. 设计要求

（1）设计不少于五张幻灯片（包括五张），介绍四个宫殿。

（2）幻灯片美观有创意，图文并茂，排版合理。

4. 制作要求

（1）主题是"世界著名宫殿"。

（2）在主题幻灯片和各幻灯片之间设置合适的超级链接。

（3）宫殿介绍，要求图文并茂，有标题，有文字介绍。

（4）每张宫殿介绍的结尾设置返回按钮。

（5）各幻灯片播放时设置切换方式，文字或图片有合适的动画效果。

（6）幻灯片上使用的图片要进行处理，使图片大小合适。

（7）在幻灯片中添加音乐"秋日私语.mp3"。

计算机操作员模拟试题二

一、操作系统使用

1. 项目背景

小傅十分喜欢旅游，在电脑中他收藏了许多旅游的素材，由于没有养成良好的整理习惯，文件显得杂乱无章。现在，小傅希望把这些文件分类整理一下。

2. 项目任务

请将素材"我的收藏"文件夹中的文件按设计和制作要求进行分类整理。

3. 设计要求

设计三个文件夹，将同一内容的文件放在一个文件夹中。

4. 制作要求

（1）在"风景图片"文件夹中建立名为"文字介绍""图片"和"音乐"三个文件夹。

（2）将所有文本文件移动到"文字介绍"文件夹中，将所有图片文件移动到"图片"文件夹中，将所有音乐文件移动到"音乐"文件夹中。

（3）将无法归类的文件删除。

二、因特网操作

1. 项目背景

网络正成为现代社会人类生活中不可缺少的一个重要组成部分，比如上网搜寻信息、发送电子邮件等。对于经常访问的网站，我们可以把它设为浏览器的主页以方便访问，对于有用的网页我们还可以把它保存下来。

2. 项目任务

对 IE 浏览器设置主页，并用微软的邮件收发客户端软件 Windows Live Mail 发送邮件。

3. 制作要求

（1）某网站的主页地址是：http：//www. 163. com，打开此主页，并通过对 IE 浏览器参数进行设置，使其成为 IE 的默认主页。

（2）点击 http：//www. 163. com 中的"博客"一栏，将弹出的"网易博客"页面以文本文件的格式保存到指定目录下，命名为"网易博客. txt"。

（3）启动电子邮件收发软件（Windows Live Mail），创建一封新邮件，收件人为 Felix1978@163. com，邮件主题："恭喜恭喜"，邮件内容为"听闻你被北京大学录取，真替你高兴。你真棒，继续努力吧！欢迎有空到上海玩……"，并添加附件（路径为："第二套试卷素材 \ 东方明珠. jpg"）。

三、Word 资源整合

1. 文字录入

按照样张的内容在 Word 中输入文字，完成后，在指定目录下将文件保存为"文字录入. docx"。

> 浦东图书馆新馆是上海市浦东新区公共图书馆，位于上海市浦东新区前程路 88 号。新馆坐落于浦东新区文化公园北侧，毗邻中国浦东干部学院以及地铁 7 号线锦绣路站。新馆工程于 2007 年 9 月开工建设，2010 年投入使用。
>
> 新馆用地面积约 3 公顷，总投资 8.5 亿元，总建筑面积 60 885 平方米，藏书容量约 200 万册，阅览座位约 3 000 个，预计日接待读者 6 000 人次。新馆建筑造型为纯净、简约、大气的六面体形，分为地下两层和地上六层，建筑总高 36 米。

2. 根据要求使用 Word 制作课程表

（1）项目背景

9 月，上海阳阳小学开学了。一（6）班的班主任孙老师为了吸引小朋友的学习兴趣，决定设计一张漂亮的课程表。

（2）项目任务

请运用所给资料，完成课程表的设计。最后完成的作品以"课程表.docx"为文件名保存在指定目录中。

（3）设计要求

1）版面大小为 A4 纸大小一页。

2）要求表格为 13 行 6 列。

（4）制作要求

1）对表格选用样式效果，表格指定高度和宽度分别为 1.4 厘米和 2.5 厘米。

2）表头行字体为楷体、小二号、加粗，其余文字为楷体、小二号。

3）表格页面居中，表内容单元格居中。

4）在表格正上方插入艺术字标题"课程表"，选用合适的艺术字样式。

5）添加页眉"上海阳阳小学课程表（一（6）班）"，字体字号分别为隶书、小四号字，居中对齐。

四、数据资源整合

1. 项目背景

期中考试结束了，上海东方实验中学的教学处决定对期中考试成绩进行统计。

2. 项目任务

请运用所提供的资料，以表格和图表形式对一年级（1）班的考试成绩进行统计，最后完成的统计表格以"成绩统计.xlsx"文件名保存在指定目录中。

3. 设计要求

（1）运用所给素材，完成相关计算。

（2）对表格进行美化。

（3）设计适当的统计图，对表格的数据进行统计。

（4）对统计图进行美化。

4. 制作要求

（1）打开素材"成绩统计.xlsx."，计算成绩表中各科的总分与平均分。

（2）计算各科成绩的平均分和总分。

（3）表格进行格式设置：标题为"考试成绩统计表"，字号 14 磅、加粗、合并居中；表格内容字号 10 磅，右对齐，表格线均为最细线。

（4）制作反映各学科最高和最低分的统计图，并在图表上显示数据标签。

（5）统计图设置标题："各科最高与最低分统计图"，图表区阴影，圆角，填充纯色背景。

五、多媒体作品编辑制作

1. 项目背景

"海派清口"是由上海滑稽演员周立波所创立的，是从上海本地的单口滑稽、北京单口相声和香港地区"栋笃笑"等曲艺表演形式中汲取精华发展而成。清口就是一个人在台上表演，不过说的是社会热点、焦点，加上演员自己的演绎，传达一种快乐的生活方式。

2. 项目任务

请你运用所给的素材，制作一个介绍海派清口的多媒体演示文稿，完成的作品以"海派清口.pptx"为文件名，保存在原目录下。

3. 设计要求

（1）设计不少于五张幻灯片（包括五张），详细介绍海派清口及其创始人周立波。

（2）幻灯片美观有创意，图文并茂，排版合理。

4. 制作要求

（1）为演示文稿设置合适的主题。

（2）在主题幻灯片和各幻灯片之间设置合适的超级链接。

（3）各幻灯片介绍页面要求图文并茂，有标题，有文字介绍。

（4）每张介绍页面的结尾设置返回按钮。

（5）各幻灯片播放时设置切换方式，文字、图片等幻灯片对象有合适的动画效果。

（6）幻灯片上使用的图片大小相同、位置合理。

（7）在幻灯片中使用相关视频进行介绍。

计算机操作员模拟试题三

一、操作系统使用

1. 项目背景

小丁要完成一份有关动物世界的作业，他在网上搜索的过程中，收集了很多动物的相关资料。

2. 项目任务

请将素材"动物世界"文件夹中的文件按设计和制作要求进行分类整理。

3. 设计要求

设计三个文件夹，将同一主题的文件放在同一个文件夹中。

4. 制作要求

（1）在"动物世界"文件夹中建立名为"鸟类""昆虫"和"鱼类"的三个文件夹。

（2）将所有关于鸟类资料的文件存放在"鸟类"文件夹中，将关于昆虫资料的文件存放在"昆虫"文件夹中，将关于鱼类资料的文件存放到"鱼类"文件夹中。

（3）将无法归类的文件删除。

二、因特网操作

1. 项目背景

随着信息化社会的日益发展，网络已经成为人们必不可少的信息来源。

2. 项目任务

对 IE 浏览器进行设置，搜索并下载信息，收发邮件。

3. 制作要求

（1）设置网页在历史记录中保存的天数为 7 天。

（2）使用 Internet Explorer 浏览器，通过百度搜索引擎（网址为：http：//www.baidu.com）搜索"上海旅游节"的资料，将搜索到的第一个网页内容以文本文件的格式保存到指定目录下，命名为"shlyj.txt"。

（3）启动电子邮件收发软件（Windows Live Mail），接收新邮件，创建一封新邮件，收件人为 liming@hotmail.com，邮件主题为"个人简历模板"，邮件内容为"衷心祝愿面试一帆风顺，马到成功！"，并添加附件（路径为："第三套试卷素材 \ 个人简历模板 .doc"）。

三、Word 资源整合

1. 文字录入

按照样张的内容在 Word 中输入文字，完成后，在指定目录下将文件保存为"文字录入 .docx"。（10 分）

> 上海博物馆（Shanghai Museum）是一座大型的中国古代艺术博物馆，上圆下方的造型寓意中国"天圆地方"之说。陈列面积 2 800 平方米。馆藏珍贵文物 12 万件，其中尤以青铜器、陶瓷器、书法、绘画为特色。收藏了来自青铜器之乡——宝鸡及河南、湖南等地的青铜器，藏品之丰富、质量之精湛，在国内外享有盛誉，有文物界"半壁江山"之誉。"天圆地方"组合，创造了圆形放射与方形基座和谐交融的新颖造型，带来了特有的空间轮廓，给人以回眸历史、追寻文化的联想。

2. 根据要求制作 Word 文档

（1）项目背景

又到了一年辞旧迎新时，为了帮助西部贫困地区儿童，实验学校准备于 2014 年 1 月 1 日晚 7 点在"华夏剧场"举办一场名为"心连心"的文艺汇演活动，所有门票收入捐献给红十字基金会。

（2）项目任务

请运用所给资料，完成一份"心连心"文艺汇演活动入场券。最后完成的作品以"入场券 .docx"为文件名保存在指定目录中。

（3）设计要求

1）入场券各要素齐全，文字清晰，布局合理。

2）页面大小为宽 21 厘米，高 8 厘米，不留白边。

3）主题明确、整体美观、色彩协调、有新意。

（4）制作要求

1）设置页面大小：宽 21 厘米，高 8 厘米。页边距上下左右均为 0 厘米。

2）使用素材"bg.jpg"作为入场券背景，置于底层。

3）设计入场券主题："心连心"文艺汇演，主题使用艺术字。

4）入场券应包含主题、时间、地点、票价及副券部分等内容。

5）在正券和副券之间合适位置插入虚线分隔。

6）"副券"两字请绘制竖排文本框制作。

四、数据资源整合

1. 项目背景

北京古城有八景，琼岛春阴、太液秋风、玉泉趵突，西山晴雪、蓟门烟树、卢沟晓月、居庸叠翠、金台夕照。2008年北京奥运不仅产生了多项世界纪录，还为北京城增添了很多道风景。

2. 项目任务

请运用所提供的资料，以表格和图表形式对北京朝阳区景点春节黄金周旅游人数进行统计，最后完成的统计表以"旅游.xlsx"文件名保存在指定目录中。

3. 设计要求

（1）运用所给素材，设计合适的数据表格，在表格中显示北京朝阳区鸟巢、水立方、奥林匹克公园、森林公园四大景点春节黄金周七天旅游人数情况。

（2）计算各景点平均每天旅游人数及总人数。

（3）对数据表格进行美化。

（4）设计适当的统计图，能反映出黄金周各景点旅游人数情况。

（5）对统计图进行美化。

4. 制作要求

（1）新建Excel工作表，表格能反映鸟巢、水立方、奥林匹克公园、森林公园四大景点春节黄金周七天旅游人数情况。

（2）计算各景点平均每天的旅游人数以及总人数，不保留小数。

（3）根据旅游总人数情况对各景点进行排序。

（4）表格进行格式设置：标题要求字号14磅、加粗、合并居中；表格内容要求字号12磅，居中对齐。标题行与表头行设置底纹；表格有外粗内细黑边框。

（5）制作各景点旅游人数的统计图，能够反映黄金周各景点旅游总人数情况。

（6）统计图设置标题："春节黄金周各景点旅游人数统计"；图表区阴影，圆角，填充渐变背景。

五、多媒体作品编辑制作

1. 项目背景

四大发明即造纸术、指南针、火药、印刷术是指中国古代对世界具有很大影响的四种发明。此一说法最早由英国汉学家李约瑟提出并为后来许多中国的历史学家所继承，普遍认为这四种发明对中国古代的政治、经济、文化的发展产生了巨大的推动作用，且对世界文明发展史也产生了很大的影响。

2. 项目任务

请你运用所给的素材，制作一个介绍中国古代四大发明的多媒体演示文稿，完成的作品以"四大发明.pptx"为文件名，保存在原目录下。

3. 设计要求

（1）设计至少五张幻灯片，其中四张分别介绍中国古代四大发明。

（2）幻灯片美观有创意，图文并茂，排版合理。

4. 制作要求

（1）第一张幻灯片插入标题，使用艺术字并设置动画效果。

（2）至少有一张幻灯片使用渐变背景填充。

（3）在标题幻灯片和各幻灯片之间设置合适的超级链接。

（4）四大发明页面，要求图文并茂，有标题，有文字介绍。

（5）每张四大发明介绍的幻灯片设置返回按钮。

（6）各幻灯片播放时设置切换方式，文字或图片有合适的动画效果。

（7）幻灯片上使用的图片要进行处理，使图片大小一致。

（8）在幻灯片中添加背景音乐"春江花月夜.mp3"。

计算机操作员模拟试题四

一、整理文件夹

1. 项目背景

王斌对中国文化非常感兴趣，平时积累了许多相关资料。

2. 项目任务

请将素材"我的文档"文件夹中的文件按设计和制作要求进行分类整理。

3. 设计要求

设计三个文件夹，将同一类型的文件放在同一个文件夹。

4. 制作要求

（1）在"我的文档"文件夹中建立名为"音乐""图片"和"视频"的三个文件夹。

（2）将所有音乐格式的文件存放在"音乐"文件夹中，将所有图片格式的文件存放在"图片"文件夹中，将所有视频格式的文件存放到"视频"文件夹中。

（3）将文件夹重命名为"中国文化"。

（4）将无法归类的文件删除。

二、因特网操作

1. 项目背景

随着信息化社会的日益发展，网络已经成为人们必不可少的信息来源。

2. 项目任务

对 IE 浏览器进行设置，搜索并下载信息，收发邮件。

3. 制作要求

（1）某网站的主页地址是：http：//www. sina. com. cn 打开此主页，通过对 IE 浏览器参数进行设置，使其成为 IE 的默认主页。

（2）使用 Internet Explorer 浏览器，通过百度搜索引擎（网址为：http：//www. baidu. com）搜索"工商管理硕士"的资料，将搜索到的第一个网页内容以文本文件的格式保存到指定目录下，命名为"gsgl. txt"。

（3）启动电了邮件收发软件（Windows Live Mail），创建一封新邮件，收件人为 zhengxiao@126.com，邮件主题为"问候"，邮件内容为"最近身体好吗？有空联系。"

三、文档资源整合

1. 根据要求文字录入

最佳蔬菜　苦味菜

夏季气温高湿度人，往往使人精神萎靡、倦怠乏力、胸闷、头昏、食欲不振、身体消瘦。此时，吃点苦味蔬菜大有裨益。中医学认为，夏季人之所以不爽缘于夏令暑盛湿重，既伤肾气又困脾胃。而苦味食物可通过其补气固肾、健脾燥湿的作用，达到平衡机体功能的目的。现代科学研究也证明，苦味蔬菜中含有丰富的具有消暑、退热、除烦、提神和健胃功能的生物碱、氨基酸、苦味素、维生素及矿物质。苦瓜、苦菜、莴笋、芹菜、蒲公英、莲子、百合等都是佳品，可供选择。

2. 根据要求制作 Word 文档

（1）项目背景

天创公司要求人事部将所有员工信息登记在网上，人事部门需为此制作一份"职工信息表"模版。

（2）项目任务

请运用所给的素材，制作"职工信息表"模板，完成的作品以"职工信息表.docx"为文件名保存在指定位置。

（3）设计要求

1）设置标题。

2）设置表格属性。

3）合并单元格。

4）拆分单元格。

5）设置底纹与边框。

（4）制作要求

1）打开"职工信息表.docx"文件，给表格添加标题，内容为"职工信息表"；黑体、三号，居中。

2）设置表格属性：第1—5列列宽分别为2.9厘米、5.8厘米、1.9厘米、3.8厘米、2.96厘米，所有行高均为0.84厘米。

3）将第5列前4行合并，并输入"照片"字样。

4）将第4行第2—4列拆分成18列，以便输入身份证号码。

5）按样张合并其他单元格。

6）设置最后一行底纹为"茶色，背景2"。

7）设置表格边框：外框宽度为2.25磅，内框宽度为1.0磅。

四、数据资源整合

1. 项目背景

家庭中的水、电、煤气、电话费等开销是日常生活消费的基础，请将李小红家一年内水、电、煤气费开支情况，作统计分析，以便能更好地提倡节约，用好资源。

2. 项目任务

请运用所给的素材，统计分析家庭一年内水、电、煤气、电话费等开销情况，完成的作品以"家庭费用.xlsx"为文件名保存在原目录中。

3. 设计要求

（1）在Excel中制作统计表，对统计表进行格式设置，要求清晰和醒目。

（2）使用公式和函数进行数据统计，计算正确。

（3）根据统计表创建统计图要进行格式的设置，做到简洁、明了、美观。

4. 制作要求

（1）设置表格标题："李小红家上年各项费用小计"，黑体、16磅，合并居中。并在第二行添加副标题："单位（元）"，宋体、14 磅，居右。

（2）利用函数统计李小红家全年各项费用的合计值及每月平均值。

（3）给表格添加边框线，外边框粗线，内部细线。

（4）表格内容设置为宋体、11 磅；居中对齐。

（5）制作适当的统计图，能反映李小红家上年水、电、煤气各月费用的变化趋势，并美化统计图。

五、多媒体作品编辑制作

1. 项目背景

炎热的夏天扑面而来，今年我国各地的气温普遍比往年高，城市里的空调也难以驱赶我们心头上的燥热。这个时候，人们最想去的地方肯定是天然的避暑胜地。

2. 项目任务

请运用所给的素材，制作介绍中国避暑胜地多媒体电子演示文稿。最后完成的作品以"避暑胜地 .pptx"为文件名保存在原目录中。

3. 设计要求

（1）设计至少 5 张幻灯片，介绍 4 处避暑胜地。

（2）有主题和内容介绍。

（3）每张幻灯片是一处避暑胜地，应包含有合适图片及相应的文字说明。

（4）幻灯片图文并茂，排版合理，字体大小合适。

（5）添加音频效果。

（6）幻灯片最后出现"避暑胜地，夏季好去处！"字样。

4. 制作要求

（1）主题用艺术字并设置动画效果。

（2）在标题幻灯片和各幻灯片之间设置合适的超级链接。

（3）各幻灯片播放时设置切换方式，文字和图片都加上合适的动画效果。

（4）音频效果恰当。

计算机操作员模拟试题五

一、整理文件夹

1. 项目背景

张晓准备去参观上海科技馆，为此收集了一些资料。

2. 项目任务

请将素材"我的文档"文件夹中的文件按设计和制作要求进行分类整理。

3. 设计要求

设计三个文件夹,将同一类型的文件放在同一个文件夹中。

4. 制作要求

(1) 在"我的文档"文件夹中建立名为"文字""图片"和"视频"的三个文件夹。

(2) 将所有文字格式的文件存放在"文字"文件夹中,将所有图片格式的文件存放在"图片"文件夹中,将所有视频格式的文件存放到"视频"文件夹中。

(3) 将文件夹重命名为"上海科技馆"。

(4) 将无法归类的文件删除。

二、因特网操作

1. 项目背景

随着信息化社会的日益发展,网络已经成为人们必不可少的信息来源。

2. 项目任务

对 IE 浏览器进行设置,搜索并下载信息。

3. 制作要求

(1) 某网站的主页地址是:http://www.baidu.com,打开此主页,通过对 IE 浏览器参数进行设置,使其成为 IE 的默认主页。

(2) 使用 Internet Explorer 浏览器,通过百度搜索引擎(网址为:http://www.baidu.com)搜索"国产动画片"的资料,将搜索到的第一个网页内容以文本文件的格式保存到指定目录下,命名为"gcdhp.txt"。

(3) 整理 IE 收藏夹,在 IE 收藏夹中新建"计算机资料""电影资料""新闻相关"文件夹。

三、文档资源整合

1. 根据要求文字录入

> 上赛季雷霆队取得 60 胜 22 负的战绩位列西部首位,只可惜在季后赛首轮威斯布鲁克意外受伤导致赛季报销,所以整体实力受损的雷霆队最终在西部半决赛被灰熊队淘汰出局。新赛季,ESPN 预测雷霆队的战绩将是 58 胜 24 负,较之上赛季少胜 2 场。ESPN 表示在西部,没有球队能防住凯文-杜兰特和威斯布鲁克,所以雷霆队将称霸西部。雷霆队的得票数是 342 票,领先第 2 名快船队达到 177 票。上赛季快船队取得 56 胜 26 负的战绩,排在西部第 4 位,季后赛首轮球队苦战 6 场不敌灰熊队。

2. 根据要求制作 Word 文档

（1）项目背景

一年一度的校艺术节到了，为了配合艺术节的活动，校乐队准备举办一场学校演唱会，为了宣传演唱会，准备在校内派发演出宣传海报。

（2）项目任务

运用 Word 软件，根据要求制作一份宣传海报。最后完成的作品以"海报.docx"为文件名保存在原目录中。

（3）设计要求

1）宣传海报中应包含主题及演出基本情况。

2）添加页面边框，其他对象元素不超过边框范围。

3）海报使用 A4 纸打印，横向排版。

4）各元素排版美观、风格突出，具有设计特色。

（4）制作要求

1）设计宣传海报主题：演唱会，主题使用艺术字。

2）宣传海报中应包含演出时间、演出地点、演出曲目、乐队成员基本情况等内容。

3）使用图片作为海报背景；图片放在最底层，在页面中水平居中、垂直居中；图片艺术效果为胶片颗粒。

4）设置页面边框，边框颜色为"深蓝，文字 2，深色 25％"。

5）将海报设为 A4 纸打印，打印方向为横向，调整各对象的大小及位置，使其排版美观，不超过页面范围。

四、数据资源整合

1. 项目背景

GDP（国内生产总值），是指在一定时期内（一个季度或一年），一个国家或地区的经济中所生产出的全部最终产品和劳务的价值，常被公认为衡量国家经济状况的最佳指标。国家统计局在其官方网站上会每年公布相应的数据。

2. 项目任务

运用所给的素材，完成相关数据的统计与分析。最后完成的统计表格以"2012 国内生产总值.xlsx"文件名保存在原目录中。

3. 设计要求

（1）创建的统计表格式设置，要清晰和醒目。

（2）使用函数和公式进行数据的统计，计算正确，所有数据保留两位小数。

（3）根据统计表创建的统计图进行格式的设置，做到简洁、明了、美观。

4. 制作要求

（1）表格内容包含 2012 年四个季度所有产业国内生产总值绝对值（亿元）。

（2）计算 2012 年国内生产总值（所有产业总值之和）以及平均值。

（3）制作统计图，能反映 2012 年国内生产总值变化趋势情况。

（4）给表格添加边框线，外边框粗线，内部细线。

五、多媒体作品编辑制作

1. 项目背景

动画片伴随着一代又一代儿童成长，这些年中国国产动画片越来越受到青睐。"喜羊羊与灰太狼""熊出没"等优秀国产动画片已家喻户晓。

2. 项目任务

请运用所给的素材，制作介绍国产动画片的多媒体电子演示文稿。最后完成的作品，以"动画片.pptx"保存在原目录中。

3. 设计要求

（1）设计至少 4 张幻灯片，介绍 3 个动画片。

（2）幻灯片有创意，图文并茂，排版合理。

4. 制作要求

（1）标题幻灯片标题是"中国动画片介绍"。

（2）在标题幻灯片和 3 个动画片幻灯片之间设置合适的超级链接。

（3）动画片介绍，要求图文并茂，有标题，有文字介绍。

（4）每个动画片介绍的结尾处设置返回按钮。

（5）各幻灯片播放时设置切换方式，文字和图片都加上合适的动画效果。

（6）幻灯片上使用的图片要进行处理，使图片大小合适。

（7）末尾幻灯片插入麦兜主题。